职业技能等级认定考核指南

中式烹调师

（高级）

主　编　袁旭超　巩世剑
副主编　高艳普　王文彬　高　涵

中国劳动社会保障出版社

图书在版编目(CIP)数据

中式烹调师：高级/雄县兴达职业培训学校，河北省职工教育和职业培训协会组织编写. -- 北京：中国劳动社会保障出版社，2022

职业技能等级认定考核指南

ISBN 978-7-5167-5387-3

Ⅰ.①中… Ⅱ.①雄…②河… Ⅲ.①中式菜肴-烹饪-职业技能-鉴定-教材 Ⅳ.①TS972.117

中国版本图书馆 CIP 数据核字(2022)第 067541 号

中国劳动社会保障出版社出版发行

(北京市惠新东街1号 邮政编码：100029)

*

三河市华骏印务包装有限公司印刷装订 新华书店经销

787 毫米×1092 毫米 16 开本 8.5 印张 121 千字

2022 年 6 月第 1 版 2022 年 6 月第 1 次印刷

定价：24.00 元

读者服务部电话：(010) 64929211/84209101/64921644

营销中心电话：(010) 64962347

出版社网址：http://www.class.com.cn

版权专有 侵权必究

如有印装差错，请与本社联系调换：(010) 81211666

我社将与版权执法机关配合，大力打击盗印、销售和使用盗版图书活动，敬请广大读者协助举报，经查实将给予举报者奖励。

举报电话：(010) 64954652

编写说明

在河北省职业技能鉴定指导中心的指导下，雄县兴达职业培训学校、河北省职工教育和职业培训协会组织相关专家编写了中式烹调师职业技能等级认定考核指南（以下简称中式烹调师考核指南）。中式烹调师考核指南共三本，分别为《中式烹调师（初级）》《中式烹调师（中级）》《中式烹调师（高级）》。各级别中式烹调师考核指南均包括以下两部分内容。

第一部分：考核指南。本部分每章包括考核要点、重点复习提示、理论知识辅导练习题、参考答案、技能操作题。

第二部分：模拟试卷。本部分包括理论知识考核模拟试卷、技能操作考核模拟试卷，并附有参考答案。

中式烹调师考核指南适用于中式烹调师职业技能等级认定培训和考核复习，为考生掌握重点、理解难点、解析疑点提供具体的指导。由于时间仓促，不足之处在所难免，欢迎使用单位和个人提出宝贵意见和建议。

目 录

第一部分 考核指南

第一章 职业道德 ... 3
考核要点 ... 3
重点复习提示 ... 4
理论知识辅导练习题 ... 7
参考答案 ... 8

第二章 烹饪原料的基本知识 ... 9
考核要点 ... 9
重点复习提示 ... 9
理论知识辅导练习题 ... 10
参考答案 ... 11

第三章 饮食营养知识 ... 12
考核要点 ... 12
重点复习提示 ... 12
理论知识辅导练习题 ... 13
参考答案 ... 14

第四章 食品卫生知识 ... 15
考核要点 ... 15
重点复习提示 ... 15
理论知识辅导练习题 ... 16

参考答案 …………………………………………………………… 17

第五章 餐饮业成本核算知识 …………………………………… 18

考核要点 …………………………………………………………… 18

重点复习提示 ……………………………………………………… 18

理论知识辅导练习题 ……………………………………………… 19

参考答案 …………………………………………………………… 19

第六章 相关法律、法规知识 …………………………………… 20

考核要点 …………………………………………………………… 20

重点复习提示 ……………………………………………………… 20

理论知识辅导练习题 ……………………………………………… 21

参考答案 …………………………………………………………… 22

第七章 原料初加工 ……………………………………………… 23

考核要点 …………………………………………………………… 23

重点复习提示 ……………………………………………………… 23

理论知识辅导练习题 ……………………………………………… 27

参考答案 …………………………………………………………… 30

技能操作题 ………………………………………………………… 30

第八章 原料分档与切配 ………………………………………… 35

考核要点 …………………………………………………………… 35

重点复习提示 ……………………………………………………… 35

理论知识辅导练习题 ……………………………………………… 39

参考答案 …………………………………………………………… 41

技能操作题 ………………………………………………………… 42

第九章 原料预制加工 …………………………………………… 45

考核要点 …………………………………………………………… 45

重点复习提示 ……………………………………………………… 46

理论知识辅导练习题 …… 54

参考答案 …… 57

第十章 菜肴制作 …… 58

考核要点 …… 58

重点复习提示 …… 59

理论知识辅导练习题 …… 69

参考答案 …… 72

技能操作题 …… 73

第二部分 模拟试卷

中式烹调师高级理论知识考核模拟试卷 …… 97

中式烹调师高级理论知识考核模拟试卷参考答案 …… 106

中式烹调师高级技能操作考核模拟试卷 …… 107

中式烹调师高级技能操作考核准备通知单（考场） …… 112

中式烹调师高级技能操作考核准备通知单（考生） …… 117

中式烹调师高级技能操作考核评分记录表 …… 119

第一部分

考核指南

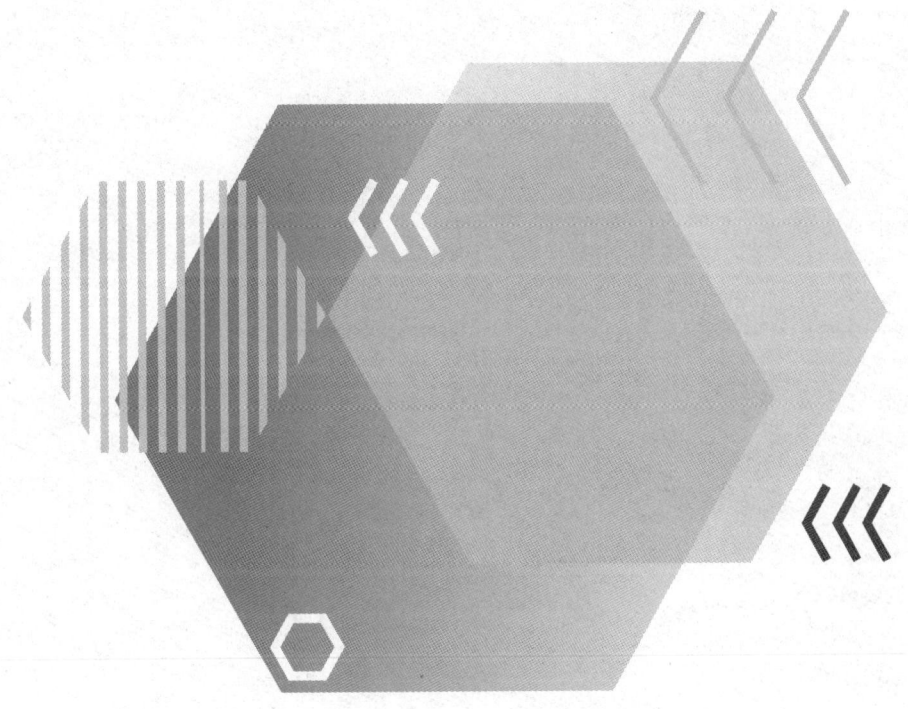

第一章 职业道德

考 核 要 点

基础知识考核范围	考核要点	重要程度
道德与职业道德	1. 道德的内涵	了解
	2. 道德规范	了解
	3. 社会主义道德建设的基本要求	了解
	4. 职业道德的概念	掌握
	5. 职业道德的特征	了解
	6. 职业道德与人的道德素质的关系	掌握
	7. 职业道德与精神文明建设的关系	掌握
	8. 职业道德建设与社会主义市场经济的关系	掌握
	9. 职业道德与企业效益和个人利益的关系	掌握
	10. 职业道德建设的途径	掌握
职业守则	1. 忠于职守,爱岗敬业	熟悉
	2. 讲究质量,注重信誉	熟悉
	3. 遵纪守法,讲究公德	熟悉
	4. 尊师爱徒,团结协作	熟悉
	5. 精益求精,追求极致	熟悉
	6. 积极进取,开拓创新	熟悉

重点复习提示

一、道德与职业道德

1. 道德的内涵

道德是人类社会生活中依靠社会舆论、传统习惯和内心信念的力量，以善恶为评价标准来调整人们之间相互关系的规范的总和。道德是构成人类文明，特别是精神文明的重要内容。道德主要是依靠人们自觉的内心信念来维系的。它通过一定的善恶标准和行为准则，来约束人们的相互关系和个人行为，调节社会关系，并与法一起对社会生活的正常秩序起保障作用。人之所以重视道德，是因为"人"具有社会性。

2. 道德规范

道德规范是对人们的道德行为和道德关系的普遍规律的反映和概括，是社会规范的一种形式，是从一定社会或阶级利益出发，用以调整人与人之间的利益关系的行为准则，在人类社会生活的实践中逐步形成，是社会发展的客观要求和人们的主观认识相统一的产物。公民道德规范是一个国家所有公民必须遵守和履行的道德规范的总和，由基本道德规范、社会公德规范、职业道德规范和家庭美德规范构成。

3. 社会主义道德建设的基本要求

新时代社会主义道德建设应遵循为人民服务这一基本原则。新时代社会主义道德建设的基本要求是爱祖国、爱人民、爱劳动、爱科学、爱社会主义。

4. 职业道德的概念

职业道德是人们在特定的职业活动中所应遵循的行为规范的总和。职业道德是人们在从事职业的过程中形成的一种内在的、非强制性的约束机制。职业道德是社会分工发展到一定阶段的产物。

5. 职业道德的特征

职业道德有范围上的有限性、内容上的稳定性和连续性、形式上的多样性三个方面的特征。职业道德的适用范围是特定的、有限的。

6. 职业道德与人的道德素质的关系

职业道德覆盖面广，影响力大，对人的道德素质起决定性作用。

7. 职业道德与精神文明建设的关系

搞好职业道德建设，对社会主义精神文明建设具有无法替代的积极作用。提高服务质量的核心是加强职业道德建设。只有具有良好的职业道德才能有持久的、良好的服务质量。

8. 职业道德建设与社会主义市场经济的关系

加强职业道德建设，可以促进社会主义市场经济的健康发展。市场竞争机制强化了职业道德，对生产和经营具有促进作用。

9. 职业道德与企业效益和个人利益的关系

职业道德在调节人们利益过程中，不排斥个人合法利益的获取。所谓"取之有道"，是指个人利益的获取首先要建立在为他人和社会服务的基础之上。社会主义市场经济呼唤职业道德，职业道德也需要社会主义市场经济的舞台。

10. 职业道德建设的途径

职业道德建设的关键是企业领导干部的职业道德建设。职业道德建设必须坚持以为人民服务为核心，以集体主义为原则。职业道德建设应同建立和完善职业道德监督机制结合起来。

二、职业守则

1. 忠于职守，爱岗敬业

忠于职守，就是把自己职责范围内的事做好，合乎质量标准和规范，能够完成应承担的任务。

爱岗就是热爱自己的工作岗位，热爱本职工作；敬业就是用一种恭敬严肃的态度对待自己的工作。

忠于职守、爱岗敬业的具体要求是树立职业理想、强化职业责任、提高职业技能。

2. 讲究质量，注重信誉

讲究质量就是从业人员在生产产品提供服务的过程中必须做到一丝不苟、精雕细琢、精益求精，避免一切可以避免的问题。

信誉即对产品服务的信任程度和社会影响程度（声誉）。

讲究质量、注重信誉的具体要求是餐饮业从业人员烹制的菜点和提供的服务，符合质量要求和消费者的需求，它决定着企业的效益和信誉。货真价实就是对餐饮业从业人员职业道德重要的基本要求。道德调整人们利益关系的意义，就在于只有切实为消费者着想和服务，才有自己的利益。

3. 遵纪守法，讲究公德

遵纪守法是指每个从业人员都要遵守纪律和法律，尤其要遵守职业纪律和与职业活动相关的法律法规。公德即公共道德，广义为做人的行为准则和行为规范。

遵纪守法包括学法、知法、守法、用法，遵守企业纪律和规范。法律、法规、政策是调节人们利益关系的重要手段，有力地促进了市场经济的健康发展。纪律和法律、法规、政策一起，是按照事物发展规律制定出来的一种约束人们行为的规范。纪律一般用规章制度的形式公布于众，法律则是全国设区的市级以上人民代表大会及其常务委员会通过并以命令或公告的形式公布。

讲究公德是餐饮业从业人员必须具备的品质，要求从业人员公私分明，不损害国家和集体利益；要求有大公无私的品格，秉公办事的精神。

4. 尊师爱徒，团结协作

尊师爱徒是指人与人之间的一种平和关系，即社会主义人与人之间平等友爱、相互尊敬的社会关系。

团结协作是重要的职业道德规范，指从业人员为了企业、集体之间的利益消除隔阂、团结一心、协调配合，是集体主义的突出表现。

尊师爱徒、团结协作的具体要求是平等尊重、顾全大局、相互学习、加强协作。

5. 精益求精，追求极致

精益求精，就是注重细节，追求完美。

追求极致，就是最佳，达到最高的程度，是精益求精最高层次的表现和要求。没有最好、只有更好是精益求精的最高境界。

精益求精，追求极致是工匠精神目标层面的内涵，是工匠精神的核心。工匠精神就是对完美和极致有着执着的坚持。极度注重细节，不断追求完美和极致，将一丝不苟、精益求精融入每一个环节，做出打动人心的一流产品。

6. 积极进取，开拓创新

积极进取即不懈不怠，追求发展，争取进步。开拓创新是指人们为了发展的需要，运用已知的信息，不断突破常规，发现或创造某种新颖、独特的有社会价值或个人价值的新事物、新思想的活动。

积极进取、开拓创新的具体要求是：学习是永恒的主题，知识是推动行业发展的动力之一，要有创新意识、科学的思维、坚定的信心和意志。

理论知识辅导练习题

一、单项选择题（下列每题的选项中，只有1个是正确的，请将其代号填在括号内）

1. 道德主要是依靠人们自觉的（　　）来维系的。
   A. 内心信念　　B. 传统习惯　　C. 社会需求　　D. 传统观念
2. 新时代社会主义道德建设应遵循（　　）这一基本原则。
   A. 为人民服务　B. 为集体服务　C. 为国家服务　D. 为社会服务
3. 职业道德有内容上的稳定性和（　　）的特征。
   A. 连续性　　　B. 间断性　　　C. 一致性　　　D. 多样性
4. 职业道德对人的（　　）起决定性作用。
   A. 道德素质　　B. 思想水平　　C. 政治素质　　D. 业务水平
5. 提高服务质量的核心是加强（　　）建设。
   A. 职业技能　　B. 行业制度　　C. 职业道德　　D. 企业标准
6. 加强职业道德建设，可以促进社会主义（　　）健康发展。

A. 市场经济　　　B. 集体经济　　　C. 民营经济　　　D. 个体经营

7. 职业道德建设必须坚持以（　　）为核心。

　　A. 集体利益　　　B. 企业利益　　　C. 为社会服务　　　D. 为人民服务

8. 在商品经济条件下，衡量质量标准的尺度是（　　）。

　　A. 价格　　　B. 价值　　　C. 价位　　　D. 价钱

9. 遵纪守法的核心是（　　）。

　　A. 学法　　　B. 知法　　　C. 用法　　　D. 守法

10. 尊师爱徒的基本要求是（　　）。

　　A. 平等尊重　　　B. 师道尊严　　　C. 师尊徒卑　　　D. 师德高尚

二、判断题（将判断结果填入括号中，正确的填"√"，错误的填"×"）

1. 道德通过有形无形的压力规范着每一个人的言行。（　　）
2. 职业道德是人们在特定职业活动中所应遵循的行为规范的总和。（　　）
3. 职业道德在调节人们利益过程中，不排斥个人合法利益的获取。（　　）
4. 爱岗敬业就是热爱自己的工作岗位，热爱本职工作。（　　）
5. 精益求精，就是注重细节，追求完美。（　　）

参 考 答 案

一、单项选择题

1. A　2. A　3. A　4. A　5. C　6. A　7. D　8. A　9. D　10. A

二、判断题

1. √　2. √　3. √　4. √　5. √

第二章　烹饪原料的基本知识

考 核 要 点

基础知识考核范围	考核要点	重要程度
烹饪原料的基本知识	1. 烹饪原料贮藏保管的方法	熟悉
	2. 植物性原料贮藏保管的方法及注意事项	熟悉
	3. 调味料贮藏保管的方法及注意事项	熟悉
	4. 动物性原料贮藏保管的方法及注意事项	熟悉

重点复习提示

1. 烹饪原料贮藏保管的方法

烹饪原料的保藏方法有低温保藏法、高温保藏法、干燥保藏法、腌渍保藏法、烟熏保藏法、气调保藏法、辐射保藏法、保鲜剂保藏法、活养保藏法。低温保藏法按温度的不同可分为冷藏、冷冻两种。对于易腐的新鲜原料，采用低温保藏法效果最佳。常用的冷冻保藏法，温度以-18 ℃最适宜。干制鲍鱼、海参、鱿鱼适合干燥保藏法。冷藏方法适当，对于烹饪原料的风味、质地、色泽和营养价值的影响很小。

2. 植物性原料贮藏保管的方法及注意事项

大多数植物性原料适宜冷藏保藏法。冷藏新鲜的蔬菜水果以 4~8 ℃最适宜。干制植物性原料在保藏过程中应尽量干燥通风。植物性原料在保藏过程中发生的一系列变化会导致其营养价值降低。

3. 调味料贮藏保管的方法及注意事项

大多数调味香料适宜气调保藏法。白糖应干燥保藏，以避免结块。大料在保藏过程中如果受潮会发生霉变。味精在保藏过程中除防潮外还要防高温。

4. 动物性原料贮藏保管的方法及注意事项

大多数动物性原料适宜低温保藏法或活养保藏法。排酸就是将僵直肉组织中的酸度降低恢复到中性。牛肉在排酸过程中的适宜温度是-4~7 ℃。鲜肉的保藏，一般应先洗涤，然后再进行分档取料，最后再冷冻或冷藏。保藏河蟹时应一个一个扎紧限制其活动，以防止质量下降。

理论知识辅导练习题

一、单项选择题（下列每题的选项中，只有1个是正确的，请将其代号填在括号内）

1. 对于易腐的新鲜原料，应用（　　）保藏法效果最佳。
   A. 低温　　　　B. 高温　　　　C. 干燥　　　　D. 腌渍
2. 冷藏新鲜的蔬菜水果以（　　）℃最适宜。
   A. 0~2　　　　B. 2~4　　　　C. 4~8　　　　D. 8~10
3. 味精在保藏过程中除防潮外还要防（　　）。
   A. 高温　　　　B. 常温　　　　C. 低温　　　　D. 通风
4. （　　）就是将僵直肉组织中的酸度降低恢复到中性。
   A. 冷冻　　　　B. 常温　　　　C. 排酸　　　　D. 自溶

二、判断题（将判断结果填入括号中，正确的填"√"，错误的填"×"）

1. 低温保藏法按温度的不同可分为冷藏、冷冻两种。（　　）
2. 大多数植物性原料适宜冷藏保藏法。（　　）
3. 大多数调味香料适宜气调保藏法。（　　）
4. 动物性原料适宜所有保藏方法。（　　）

参 考 答 案

一、单项选择题

1. A　2. C　3. A　4. C

二、判断题

1. √　2. √　3. √　4. ×

第三章 饮食营养知识

考 核 要 点

基础知识考核范围	考核要点	重要程度
饮食营养知识	1. 油脂在烹饪中的变化	掌握
	2. 维生素在烹饪中的变化	掌握
	3. 矿物质在烹饪中的变化	掌握
	4. 蛋白质在烹饪中的变化	掌握
	5. 碳水化合物在烹饪中的变化	掌握

重点复习提示

1. 油脂在烹饪中的变化

油脂加热至 200~230 ℃时能引起热氧化聚合,所以油炸食品所用的油会逐渐变稠。脂肪经反复加热使用,黏度增大,甘油形成丙烯醛,具有强烈的刺鼻味,对人有害。奶汤的制作原理是利用脂肪的乳化作用形成乳白色的水包油型的乳浊液。脂肪在水中加热,少量被水解成脂肪酸和甘油,生成有芳香气味的物质。为了防止油脂酸败,可按国家规定要求使用抗氧化剂添加剂。

2. 维生素在烹饪中的变化

烹调中维生素 C 性质很不稳定,极易发生氧化分解,在碱性溶液中反应迅速,在酸性溶液中反应缓慢。维生素 E 性质很稳定,但在高温、碱性、还原剂和光照下,也会被氧化分解失去机能。维生素 E 是一种还原性极强的天然抗氧化剂,能阻断脂肪自动氧化酸败连锁反应,而延缓油脂的酸败。核黄素对酸和热比较稳定，但对光极不稳定。牛奶中的核黄素在室内光照 2 h 便可分解损失 2/3。

3. 矿物质在烹饪中的变化

矿物质也叫无机盐，由阳离子和阴离子组成。无机盐在烹调加工过程中的变化不是分解，主要是损失，尤其是水溶性的无机盐损失较多。骨骼中的碳酸钙、磷酸钙，遇到醋酸生成可溶性醋酸钙，这是无机盐在烹调加工中发生的化学反应所致。在酸性溶液中原料越小、浸泡时间越长、加热时间越长，矿物质的损失就越多。

4. 蛋白质在烹饪中的变化

蛋白质的热变性属于物理作用变性。蛋白质遇热（70 ℃以上）会凝固变性。变性后的蛋白质持水性会减弱，所以肉类原料加热后体积会变小，质量也会减轻。含蛋白质丰富的干墨鱼、海参、鱼翅等原料的涨发是利用蛋白质水解作用的原理。肉冻、鱼冻的形成原理是蛋白质的凝胶作用。

5. 碳水化合物在烹饪中的变化

糖类在熟制过程中可发生多种变化，其中带有普遍性的是淀粉的变化和果胶的变化。淀粉的糊化是指淀粉在高温下溶胀、分裂形成均匀糊状溶液的过程。淀粉的糊化温度一般在 60~80 ℃，经过糊化的淀粉易被人体吸收。淀粉的老化是指糊化的淀粉随着温度的降低，原有淀粉糊的均匀结构被破坏，呈现不溶状态，表现为凝结、沉淀。

理论知识辅导练习题

一、单项选择题（下列每题的选项中，只有 1 个是正确的，请将其代号填在括号内）

1. 奶汤的制作原理是利用脂肪的（　　）形成乳白色的水包油型的乳浊液。

  A. 乳化作用　　　B. 氧化作用　　　C. 水解作用　　　D. 水化作用

2. 烹调中维生素 C 性质很不稳定，极易发生氧化分解，在碱性溶液中反应迅速，在（　　）溶液中反应缓慢。

A. 酸性　　　　B. 热性　　　　C. 中性　　　　D. 慢性

3. 无机盐在（　　）溶液中溶解量较大。

A. 酸性　　　　B. 碱性　　　　C. 中性　　　　D. 弱碱性

4. 变性后的蛋白质持水性会（　　），所以肉类原料加热后体积会变小，质量也会减轻。

A. 增加　　　　B. 减弱　　　　C. 不变　　　　D. 增多

5. 糖类在熟制过程中的变化主要是（　　）和果胶的变化。

A. 淀粉的变化　　　　　　　　B. 葡萄糖的变化

C. 蛋白质的变化　　　　　　　D. 矿物质的变化

二、判断题（将判断结果填入括号中，正确的填"√"，错误的填"×"）

1. 油脂加热至200~230℃时能引起热氧化聚合，所以油炸食品所用的油会逐渐变稠。（　　）

2. 维生素E是一种还原性极强的天然抗氧化剂，能阻断脂肪自动氧化酸败连锁反应，而延缓油脂的酸败。（　　）

3. 矿物质也叫无机盐，由阳离子和阴离子组成。（　　）

4. 肉冻、鱼冻的形成原理是蛋白质的凝胶作用。（　　）

5. 淀粉的糊化是指淀粉在高温下溶胀、分裂形成均匀糊状溶液的过程。（　　）

参 考 答 案

一、单项选择题

1. A　2. A　3. A　4. B　5. A

二、判断题

1. √　2. √　3. √　4. √　5. √

第四章 食品卫生知识

考 核 要 点

基础知识考核范围	考核要点	重要程度
食品卫生知识	1. 食品污染的概念及途径	掌握
	2. 食品污染的预防与控制措施	熟悉
	3. 烹饪过程中的食品安全措施	熟悉
	4. 烹饪原料的食品安全措施	熟悉

重点复习提示

1. 食品污染的概念及途径

食品污染是指有害物质进入正常食物的过程。食品污染分为生物性、化学性及物理性污染三类；生物性污染是指有害的病毒、细菌、真菌，以及寄生虫造成的污染；化学性污染是由有毒有害的化学物质污染食品引起的，如各种农药、多环芳烃化合物等污染；物理性污染通常指食品生产加工过程中的杂质（如草籽、沙尘等）超过规定的食量，以及食品吸附、吸收外来的放射性核素所引起（如放射性物质的开采、冶炼、生产、应用及意外事故造成的污染）。

2. 食品污染的预防与控制措施

食品中多环芳烃化合物的主要来源为食品在烘烤、熏制时直接被污染，农作物吸收被污染土壤中的多环芳烃，脂肪在高温烹调中发生热分解、热聚合。防止多环芳烃化合物污染的措施是改进烹调加工过程、用活性炭吸收苯并芘、选用红外线烤炉烤制食品。

3. 烹饪过程中的食品安全措施

热菜制作过程中的卫生要求有操作台面干净，菜肴要烧熟，防止有害物质产生，调味料使用符合要求，用具、器具要卫生。菜肴在烹调加工过程中，最基本的卫生要求是烧熟煮透。盛装菜肴的器皿应消毒后使用，禁用配菜盘盛装菜品。餐厅的美化属于餐厅进食条件卫生的内容之一。

4. 烹饪原料的食品安全措施

高温使油脂本身的化学结构发生变化，还可产生苯并芘等有毒物质。抑菌和灭菌是预防微生物引起的食品腐败变质的主要措施。预防食品腐败变质的措施有高温灭菌、脱水干燥、提高渗透压、添加化学防腐剂等。

理论知识辅导练习题

一、单项选择题（下列每题的选项中，只有1个是正确的，请将其代号填在括号内）

1. （　　）污染属于食品的物理性污染。
   A. 农药　　　B. 放射性　　　C. 有毒金属　　　D. 多环芳烃化合物

2. （　　）污染属于冷冻食品的生物性污染。
   A. 草籽　　　B. 沙尘　　　C. 化肥　　　D. 新型冠状病毒

3. 下列最易受到多环芳烃化合物污染的食品是（　　）。
   A. 熏肉　　　B. 酱肉　　　C. 卤肉　　　D. 腌肉

4. 盛装菜肴的器皿应消毒后使用，禁用（　　）盛装菜品。
   A. 方盘　　　B. 腰盘　　　C. 圆盘　　　D. 配菜盘

5. 菜肴在烹调加工过程中，最基本的卫生要求是（　　）。
   A. 加热火力　　　B. 烧熟煮透　　　C. 加热方法　　　D. 口感要求

6. 抑菌和（　　）是预防微生物引起的食品腐败变质的主要措施。
   A. 洗涤　　　B. 浸泡　　　C. 灭菌　　　D. 日晒

二、判断题（将判断结果填入括号中，正确的填"√"，错误的填"×"）

1. 食品污染是指有害物质进入正常食物的过程。（　　）
2. 使用微波炉烤制食品可减少多环芳烃的形成。（　　）
3. 高温使油脂本身的化学结构发生变化，还可产生苯并芘等有毒物质。
　　　　　　　　　　　　　　　　　　　　　　　　　　　　（　　）

参 考 答 案

一、单项选择题

1. B　　2. D　　3. A　　4. D　　5. B　　6. C

二、判断题

1. √　　2. √　　3. √

第五章　餐饮业成本核算知识

考 核 要 点

基础知识考核范围	考核要点	重要程度
餐饮业成本核算知识	1. 出料率的概念、计算及应用	熟悉
	2. 菜肴毛利率的计算及应用	熟悉
	3. 餐饮成本核算的任务和意义	掌握

重点复习提示

1. 出料率的概念、计算及应用

出料率是指原料加工后可利用部分的质量占加工前原料总量的百分比。加工前原料质量等于加工后原料质量与出料率的比。加工后原料质量等于加工前原料质量与出料率的乘积。

2. 菜肴毛利率的计算及应用

毛利额与成本的比称为成本毛利率。销售毛利率与成本率之和是100%。耗时耗力的菜点、加工精细的菜品、技术含量高的菜点毛利率应从高。

3. 餐饮成本核算的任务和意义

餐饮成本核算的任务是揭示成本提高或降低的原因；合理降低成本，提高企业效益；为合理确定菜点的销售价格奠定基础。餐饮成本核算的意义有维护企业的利益、为企业节省资源、维护消费者的利益、正确执行物价政策等。

理论知识辅导练习题

单项选择题（下列每题的选项中，只有1个是正确的，请将其代号填在括号内）

1. 净料率=（　　）/毛料质量×100%。
   A. 净料数量　　B. 净料质量　　C. 毛料体积　　D. 毛料比率
2. 某菜品成本18元，毛利额12元，此菜品的销售毛利率是（　　）%。
   A. 40　　　　B. 66　　　　C. 70　　　　D. 150
3. 成本核算能为合理的确定菜点的（　　）奠定基础。
   A. 投资决策　　B. 技能决策　　C. 销售价格　　D. 成本消耗

参 考 答 案

单项选择题

1. B　　2. A　　3. C

第六章 相关法律、法规知识

考 核 要 点

基础知识考核范围	考核要点	重要程度
相关法律、法规知识	1.《中华人民共和国食品安全法》的宗旨	掌握
	2.《食品安全法》关于监督管理的相关规定	掌握
	3.《食品安全法》关于食品生产经营的相关规定	掌握
	4.《食品安全法》关于食品生产经营过程控制的相关规定	掌握

重点复习提示

1.《中华人民共和国食品安全法》的宗旨

为保证食品安全，保障公众身体健康和生命安全，制定《中华人民共和国食品安全法》（以下简称《食品安全法》）。《食品安全法》于2015年4月24日第十二届全国人民代表大会常务委员会第十四次会议修订，自2015年10月1日起施行，根据2018年12月29日第十三届全国人民代表大会常务委员会第七次会议决定第一次修正，根据2021年4月29日第十三届全国人民代表大会常务委员会第二十八次会议决定第二次修正。《食品安全法》规定，供食用的源于农业的初级产品（即食用农产品）的质量安全管理，应遵守《中华人民共和国农产品质量安全法》的规定。《食品安全法》对原料、加工、包装、储存至消费者食用前每一环节都提出了卫生规定。

2.《食品安全法》关于监督管理的相关规定

《食品安全法》规定，发生食物中毒的单位应及时向所在地的卫生行政部门报告；相关卫生行政部门接到食物中毒报告后应及时进行调查处理并采取控制措施；县级以上卫生行政部门应对有毒食品及其原料先进行封存后销毁；发生食品安全事故的单位应及时向事故发生所在地县级人民政府食品药品监督管理部门报告；任何单位或者个人不得对食品安全事故隐瞒、谎报、缓报，不得隐匿、伪造、毁灭有关证据；进口的食品、食品添加剂以及食品相关产品应当符合我国食品安全国家标准。

3. 《食品安全法》关于食品生产经营的相关规定

《食品安全法》规定，直接入口食品是指无须再加工处理的食品，因此这类食品应当使用无毒、清洁的包装材料、餐具、饮具和容器；超范围和超限量使用食品添加剂都是违法的；食品生产经营应当符合食品安全标准；食品生产经营中使用的洗涤剂、消毒剂应当符合标准，对人体安全、无害；从事食品生产、食品销售、餐饮服务，应当依法取得许可证。

4. 《食品安全法》关于食品生产经营过程控制的相关规定

《食品安全法》规定，餐饮服务提供者可以委托符合《食品安全法》规定条件的集中消毒服务单位对餐具、饮具清洗消毒；食品生产者采购食品原料、食品添加剂、食品相关产品，应当查验供货者的许可证和产品合格证明；生产经营的食品中不得添加药品；超过保质期的食品不能销售；食品药品监督管理部门应当对企业食品安全管理人员随机进行监督抽查考核并公布考核情况。

理论知识辅导练习题

单项选择题（下列每题的选项中，只有 1 个是正确的，请将其代号填在括号内）

1. 《食品安全法》于 2015 年 4 月 24 日第十二届全国人民代表大会常务委员会第十四次会议修订，自（   ）起施行。

  A. 2015 年 5 月 1 日   B. 2015 年 6 月 1 日
  C. 2015 年 7 月 1 日   D. 2015 年 10 月 1 日

2. 《食品安全法》规定，进口的食品、食品添加剂以及食品相关产品应当符合（　　）。

  A. 美国食品安全标准　　　　B. 欧盟食品安全标准

  C. 我国食品安全国家标准　　D. 出口国国家食品安全标准

3. 《食品安全法》规定，食品生产经营应当符合（　　）安全标准。

  A. 食品　　　B. 食物　　　C. 食材　　　D. 食料

4. 《食品安全法》规定，生产经营的食品中不得添加（　　）。

  A. 药品

  B. 食用农产品

  C. 食品添加剂

  D. 按照传统既是食品又是中药材的原料

参 考 答 案

单项选择题

1. D　2. C　3. A　4. A

第七章　原料初加工

考 核 要 点

相关知识考核范围	考核要点	重要程度
鲜活原料的初加工	1. 鲜活软体贝类原料的初加工方法及技术要点	熟悉
	2. 鲜活虾类原料的初加工方法及技术要点	熟悉
	3. 鲜活蟹类原料的初加工方法及技术要点	熟悉
	4. 松茸菌的初加工方法及技术要点	熟悉
干货原料的初加工	1. 碱发工艺	熟悉
	2. 鱿鱼的碱发工艺	熟悉

重点复习提示

一、鲜活原料的初加工

1. 鲜活软体贝类原料的初加工方法及技术要点

贝类原料主要包括腹足类、瓣鳃类、头足类。大部分鲜活软体贝类都带有新鲜无异味的黏液。蚶类肉质鲜嫩，因为其生长环境的原因，食用时应彻底加热。乌贼以雌的质量最好。

贝类原料的初加工主要是洗净泥沙，去除不能食用的内脏和皮壳。毛蚶右壳较小，不易剥开。部分鲜活贝类含有泥沙，烹饪前最好用海水活养，使其吐净泥沙。

鲜活扇贝取净肉时要尽量保持其完整性。扇贝右壳较平，左壳较凸。鲜扇贝肉色洁白，质细嫩。日月贝肉色乳白，质柔嫩。扇贝的闭壳肌干制后即为干贝。

加工时干净的蚌肉会渗出汁液，若将其连同蚌肉一同烹调鲜味更浓。取河蚌肉需用薄型小刀插入两壳相接的缝隙中向两侧移动，割开前、后闭壳肌，再沿两侧壳壁将肉取出。河蚌肉取出后要择出鳃瓣和肠胃，然后放入盆中加食盐进行搓洗，以去除黏液。河蚌加工取肉后，要用木槌将蚌足捶松，易于成熟。

田螺肉含有丰富的维生素A、蛋白质、铁和钙，对目赤、黄疸、脚气、痔疮等疾病有食疗作用。田螺初加工时可在浸泡的水中加入食油，以便于泥沙的排出。

促使蛤蜊充分吐沙的方法是水中加入适量的面粉或食盐。蛤蜊在用盐水活养去沙时，盐水的浓度以2%为宜。蛤蜊肉与韭菜经常同时食用，可治疗口渴、干咳、心烦、手足心热等症。

初加工牡蛎时，在撬牡蛎壳前应先将壳体冲刷干净。牡蛎肉可以生食，所以加工工具要保持清洁并要消毒。牡蛎在4—10月最肥美。大量加工牡蛎时，可将取下的肉加食盐搅拌，然后用水冲洗，以去其黏液。

鲜鲍鱼肉表面有层黑膜，去除的方法是先用小苏打溶液浸泡，然后再刷洗。鲜鲍鱼的出肉方法主要有直接出肉法和加热出肉法。鲜鲍鱼直接出肉时，刀应贴紧壳内壁，慢慢把肉撬下来。鲜鲍鱼在加热出肉过程中应尽量保证原汁不流失。

鲜海螺在初加工前应在清水中活养2小时左右，并添加少许盐或香油，以使其吐净泥沙。海螺肉质鲜爽，但腥味稍大，以炒、爆为主。鲜海螺的出肉分为生出肉和熟出肉。煮断生的海螺肉，通过冰镇可保持其脆嫩的效果。去海螺肉黏液的方法是用食盐揉搓，再冲洗干净。

初加工日月贝时，应用小刀沿紧闭的两壳缝隙间插入，贴壳划断闭壳肌摘去杂物。用食盐轻轻搓洗，然后用清水漂净即可。

去带子泥沙的方法是将带子用盐水浸泡或用生粉拌匀再洗净，可去带子的泥沙。取出带子肉后，连续挤压闭壳肌侧面，可将内脏里的脏物挤出。

贻贝产量大，肉质鲜嫩甘美，干制品叫淡菜。加工鲜贻贝时，应先将成团的贻贝拆成单体。在取肉前，应用清水活养2 h，换水2~3次，以去体内泥沙污物。

海参有刺参和光参两大类，以刺参质量较好。鲜海参在初加工时不能沾油，以免海参被腐蚀。初加工鲜海参时内筋不用去除。鲜海参初加工煮制时间以 30 min 为宜，取出后应趁热撒盐拌匀，冷却后再冷藏。

乌鱼蛋是雌性墨鱼产的蛋。初加工乌贼时，内壳部位虽不能食用，但可以保留作为药用。雄性乌贼体内的生殖腺可干制成墨鱼穗，批量加工时应保留。乌贼的眼睛部位含有泥沙，初加工时应去除干净。

宰杀牛蛙的程序是摔死或击昏→剥皮→剖腹→整理内脏→洗涤。初加工牛蛙的要求是剖开腹部，择除内脏，除肝、心、油脂外，其他部位均不保留。用带皮的牛蛙制作菜肴时，应用盐搓洗表皮，再用清水冲洗干净。

死甲鱼不能食用，初加工时必须要活宰。去除甲鱼黑衣的方法是先用 80 ℃ 左右的水烫制，烫制时间应以 2 min 左右为宜。宰杀甲鱼的方法是腹部朝上，待头伸出即从颈根处割断气管、血管及颈骨。初加工甲鱼时，除保留心、肝、肺、胆、卵巢、肾外，其余内脏一律去除。

宰杀肉用蛇时，手应捏紧蛇头两侧，脚踏紧蛇尾，将其抻直。蛇肉分为蛇背肉和蛇腹肉两部分，脊背肉质量最好。肉用蛇背肉中有两条斜纹肉，每 500 g 蛇可得 10 g，肉味极其鲜美。加工肉用蛇时浸水，肉易老韧。

2. 鲜活虾类原料的初加工方法及技术要点

新鲜的虾头尾完整，爪须齐全，有一定弯曲度。新鲜的虾皮壳硬度较高，虾身挺，壳发亮，呈青绿或清白色。新鲜的虾肉质地坚实细腻。

活虾在初加工时应先在清水中静养以去除体内污物。背部有一条卵块的雌虾质量最好。在出肉时，应先将虾头剪掉，去尽虾肠等污物，用剪刀沿虾腹两边剪开，再剥壳。

用 2% 的明矾水溶液洗涤虾仁对虾青素有很好的分解作用，可使虾仁的肉质更加透明。

宰杀龙虾时，首先要用竹签从尿口插入向上直至腹腔，放净龙虾尿水、血液。龙虾的血液呈淡淡的蓝色。取鲜龙虾肉时，应先要用剪子沿腹部两侧边缘剪开。龙虾肉味道鲜美，可食部分约占体重的 60%。雄龙虾头内有一块类似"口香糖"的胶状物，此物是雄龙虾的精囊。

3. 鲜活蟹类原料的初加工方法及技术要点

死河蟹不能食用,以防引起组胺中毒。河蟹是以死、活的作为首要鉴别标准的。腿关节有弹性是鲜活蟹类的特征之一。加工蟹类时,根据菜肴要求可将蟹钳敲裂,目的是便于烹调成熟入味、美观、食用。

蟹的加工相对比较简单,主要采用刷洗方法。去蟹壳的方法是从蟹脐处向上掰除。初加工蟹时应将其静养于清水中,使其吐净泥沙。

三疣梭子蟹以渤海湾产的最为著名,蟹肉色洁白而细嫩。三疣梭子蟹的雌蟹体内有黄脂,加工时应保留。三疣梭子蟹,雌蟹壳为青色,雄蟹壳为蓝白色。

中华绒螯蟹又称大闸蟹,属淡水蟹品种。大闸蟹螯足密布绒毛,加工时应刷洗干净。初加工大闸蟹时,掰下蟹盖,先清理鳃毛,再将蟹胃取下。

4. 松茸菌的初加工方法及技术要点

几乎所有的野生食用菌都有微毒,初加工时要特别注意。凉拌菌类菜肴时一定要将原料进行烫透处理。新鲜松茸菌在 $-1.5 \sim 2\ ℃$ 可保存3天,仍不失其特色。

二、干货原料初加工

1. 碱发工艺

碱发是以食用碱为介质涨发干料的方法。碱发干料出品率高。碱发能使质地干燥、坚硬的原料比较迅速地涨大膨润。

碱发是在介质溶液中适当添加碱性物质,以改变介质的酸碱度,造成碱性环境促进蛋白质的碱性溶胀。碱水涨发是在自然涨发的基础上采取的强化方法。碱发干料能最大限度恢复其原有的形态。

碱发的方法可分为碱水发和碱面发两种。碱面发是将干料先用冷水浸泡回软,再蘸满碱面放在容器内浸发。碱面涨发的优点是蘸有碱面的原料存放时间长,涨发方便。用碱水涨发干料时,要根据干料质地和水温高低来调制碱水浓度。

碱水涨发可分为生碱水发和熟碱水发两种。用生碱水泡发干料,碱水的浓度以3%为宜。传统的熟碱水发除食用碱外,还要加入适量的石灰。

用碱水涨发干料应先用清水将干料浸泡回软,以免涨发不透出现硬心。用碱水涨发干料时一定要控制浓度、温度和涨发时间，这是因为碱水腐蚀性强。用碱水涨发的干料漂洗不干净，会影响菜肴的口味和口感。

2. 鱿鱼的碱发工艺

鱿鱼适用于熟碱水发和碱面发两种方法。碱水发鱿鱼的工艺流程是冷水浸泡回软→撕下头须→去除明骨→去除背面的膜→入碱水中浸泡涨发→发透后用清水漂洗。碱水的温度应控制在 20~25 ℃ 为宜。体积大小不同的干鱿鱼在涨发时应采用同时发、发好的先取出的方法。

理论知识辅导练习题

一、单项选择题（下列每题的选项中，只有 1 个是正确的，请将其代号填在括号内）

1. 乌贼以（　　）质量最好。
   A. 雌的　　　　B. 雄的　　　　C. 干的　　　　D. 鲜的
2. 河蚌经加工取肉后，应择去鳃瓣和（　　）。
   A. 泥沙　　　　B. 油垢　　　　C. 肠胃　　　　D. 黏液
3. 牡蛎肉（　　），所以加工工具要保持清洁并要消毒。
   A. 清甜可口　　B. 可以生食　　C. 价格昂贵　　D. 肉质肥美
4. 初加工带子时，应用小刀沿紧闭的两壳缝隙间插入，贴壳划断（　　）。
   A. 肠　　　　　B. 鳃　　　　　C. 闭壳肌　　　D. 外套膜
5. 雄性乌贼体内的（　　）可干制成墨鱼穗，批量加工时应保留。
   A. 墨囊　　　　B. 胰脏　　　　C. 生殖腺　　　D. 产卵腺
6. 肉用蛇肉分为蛇背肉和蛇腹肉两部分，（　　）肉质量最好。
   A. 前腹　　　　B. 后腹　　　　C. 脊背　　　　D. 后尾
7. 明矾对（　　）有较好的分解作用，可使虾仁的肉质更加透明。
   A. 虾绿素　　　B. 虾青素　　　C. 虾黄素　　　D. 虾黑素
8. 初加工蟹时应将其静养于清水中，使其（　　）。

A. 冲洗干净　　　B. 吐净泥沙　　　C. 保持新鲜　　　D. 充分喝水

9. 新鲜松茸菌在-1.5~2℃可保存（　　）天,仍不失其特色。

　　A. 3　　　　　B. 8　　　　　　C. 9　　　　　　D. 10

10. 用生碱水泡发干料,碱水的浓度以（　　）%为宜。

　　A. 3　　　　　B. 10　　　　　C. 12　　　　　D. 15

二、多项选择题（请选择两个及以上正确答案,将相应字母填入括号内。每题错选或多选、少选均不得分,也不倒扣分）

1. 下列对软体贝类原料初加工要求表述正确的是（　　）。

　　A. 吐净泥沙　　　B. 去除皮壳　　　C. 开水烫泡　　　D. 开水煮制

　　E. 去除不能食用的内脏

2. 为了使田螺中的泥沙便于排出,初加工时不可在浸泡田螺的水中加入（　　）。

　　A. 食油　　　　　B. 食碱　　　　　C. 食醋　　　　　D. 食糖

　　E. 酱油

3. 鲍鱼的主要品种有（　　）。

　　A. 紫鲍　　　　　B. 明鲍　　　　　C. 灰鲍　　　　　D. 海鲍

　　E. 九孔鲍

4. 下列对制"淡菜"表述正确的是（　　）。

　　A. 洗净　　　　　　　　　　　　　B. 煮5 min

　　C. 取肉去内脏　　　　　　　　　　D. 先晾晒至八成干

　　E. 再晾晒至全干

5. 初加工牛蛙时必须要去除的部位是（　　）。

　　A. 胃　　　　　　B. 肠　　　　　　C. 肝　　　　　　D. 肺

　　E. 油脂

6. 运用感官鉴别法,根据虾的（　　）等方面来鉴别虾的品质。

　　A. 外形　　　　　B. 个头　　　　　C. 色泽　　　　　D. 质量

　　E. 肉质

7. 下列属于初加工龙虾的正确方法是（　　）。

　　A. 放净尿水　　　B. 拧下头部　　　C. 挤壳取肉　　　D. 去净虾脑

　　E. 放净血液

8. 下列对三疣梭子蟹特征表述正确的是（　　）。

　　A. 雌蟹圆脐　　　　　　　　B. 雄蟹圆脐

　　C. 雌蟹体内有黄脂　　　　　D. 雄蟹体内有黄脂

　　E. 头胸表面有三个瘤状物

9. 下列不适宜碱发的干料是（　　）。

　　A. 海参　　　B. 鱼翅　　　C. 鲍鱼　　　D. 鱿鱼

　　E. 蹄筋

10. 下列对碱水涨发干料的技术要点表述正确的是（　　）。

　　A. 控制碱水温度　　　　　　B. 控制碱水的浓度

　　C. 要漂洗干净碱味　　　　　D. 碱发前原料用清水浸泡

　　E. 涨发的原料质地要一致

三、判断题（将判断结果填入括号中，正确的填"√"，错误的填"×"）

1. 扇贝右壳较平，左壳较凸。　　　　　　　　　　　　　　　　　　（　　）
2. 蛤蜊在盐水活养去沙时，盐水的浓度以10%为宜。　　　　　　　　（　　）
3. 海螺肉质鲜爽，但腥味稍大，以炒、爆为主。　　　　　　　　　　（　　）
4. 海参有刺参和光参两大类，以刺参质量较好。　　　　　　　　　　（　　）
5. 死甲鱼不能食用，初加工必须要活宰。　　　　　　　　　　　　　（　　）
6. 背部有一条卵块的雌虾质量最好。　　　　　　　　　　　　　　　（　　）
7. 死河蟹不能食用，以防引起组胺中毒。　　　　　　　　　　　　　（　　）
8. 中华绒螯蟹又称大闸蟹，属淡水蟹品种。　　　　　　　　　　　　（　　）
9. 碱发的方法可分为碱水发和碱面发两种。　　　　　　　　　　　　（　　）
10. 鱿鱼适用于熟碱水发和碱面发两种方法。　　　　　　　　　　　（　　）

参 考 答 案

一、单项选择题

1. A　2. C　3. B　4. C　5. C　6. C　7. B　8. B　9. A　10. A

二、多项选择题

1. ABE　2. BCDE　3. ABC　4. ABCDE　5. ABE
6. ACE　7. ABE　8. ACE　9. ABC　10. ABCD

三、判断题

1. √　2. ×　3. √　4. √　5. √　6. √　7. √　8. √　9. √　10. √

技能操作题

【题目1】简述鲜活扇贝的初加工方法

1. 考核要求

（1）在指定地点、规定时间内完成答卷。

（2）用黑色或蓝色的钢笔或签字笔答题。

（3）试卷卷面干净整洁，字迹工整。

（4）能够详细阐述鲜活扇贝的初加工方法，要点突出，观点明确。

2. 准备工作

（1）材料：答题纸。

（2）场地和工具：教室、课桌、椅子等。

（3）考生准备：黑色或蓝色的钢笔或签字笔。

3. 考核时限

完成本题操作基本时间为 5 min，每超过 1 min 从本题总分中扣除 10%，超过 3 min 本题零分。

4. 评分项目及标准

序号	评分项	评分要点	配分	评分标准	扣分	得分
1	清洗	刷洗、静养	2	用清水将鲜活扇贝表面刷洗干净。用冷水（或2%盐水或洁净的海水）静养 40~80 min，以吐净泥沙 阐述不全面扣 0.5~1.5 分		
2	取肉	开壳取肉、择净杂物	3	用薄型小刀插入两壳相接的缝隙中，贴壳割开前后闭壳肌，取出肉质（或用沸水煮至壳张开，再割取肉质）。将肉质中的沙砾、鳃瓣、内脏等杂物择净，用清水将净肉冲洗干净，控水备用。保留净肉渗出的汁液 阐述不全面扣 0.5~2.5 分		

【题目 2】 简述干贝的涨发方法及出成率

1. 考核要求

（1）在指定地点、规定时间内完成答卷。

（2）用黑色或蓝色的钢笔或签字笔答题。

（3）试卷卷面干净整洁，字迹工整。

（4）能够详细阐述干贝的涨发方法及出成率，要点突出，观点明确。

2. 准备工作

（1）材料：答题纸。

（2）场地和工具：教室、课桌、椅子等。

（3）考生准备：黑色或蓝色的钢笔或签字笔。

3. 考核时限

完成本题操作基本时间为 5 min，每超过 1 min 从本题总分中扣除 10%，超过 3 min 本题零分。

4. 评分项目及标准

序号	评分项	评分要点	配分	评分标准	扣分	得分
1	刷洗与浸泡	刷洗、浸泡	2	将干贝放在洁净的容器中，用清水将干贝的外表洗刷干净，用清水浸泡1h至初步回软去贝筋 阐述不全面扣0.5~1.5分		
2	蒸发与保管	涨发方法	2	将去贝筋的干贝放入盛器，加入适量的水（清汤）、绍酒、姜汁蒸制1h，发制酥烂时取出，原汁澄清后浸泡干贝，低温存放 阐述不全面扣0.5~1.5分		
3	涨发率		1	涨发率为300%		

【题目3】简述怪味的制作工艺

1. 考核要求

（1）在指定地点、规定时间内完成答卷。

（2）用黑色或蓝色的钢笔或签字笔答题。

（3）试卷卷面干净整洁，字迹工整。

（4）能够详细阐述怪味的制作工艺，要点突出，观点明确。

2. 准备工作

（1）材料：答题纸。

（2）场地和工具：教室、课桌、椅子等。

（3）考生准备：黑色或蓝色的钢笔或签字笔。

3. 考核时限

完成本题操作基本时间为5 min，每超过1 min从本题总分中扣除10%，超过3 min本题零分。

4. 评分项目及标准

序号	评分项	评分要点	配分	评分标准	扣分	得分
1	用料及味感	用料是否准确，味感是否正确	2	用料：精盐、酱油、芝麻酱、白糖、醋、香油、红油、花椒末、熟芝麻；咸、甜、酸、辣、鲜、香、麻各味兼具，但没有一种味道很突出 阐述不全面扣 0.5~1.5 分		
2	调制	调制方法、顺序是否正确	1	先将白糖、精盐、酱油、醋溶化后，再与味精、香油、花椒末、芝麻酱充分调和均匀即成 阐述不全面扣 0.5~1 分		
3	调味品作用	各种调味品的作用是否准确	2	酱油提鲜并确定咸味，盐补充咸味，芝麻、芝麻酱突出香味，香油增加香味浓度。醋、辣椒油、白糖、花椒各表现独自的口味，使菜品的咸、甜、酸、辣、鲜、香麻各味兼具 阐述不全面扣 0.5~1.5 分		

【题目4】 简述琼脂果冻的制作工艺

1. 考核要求

（1）在指定地点、规定时间内完成答卷。

（2）用黑色或蓝色的钢笔或签字笔答题。

（3）试卷卷面干净整洁，字迹工整。

（4）能够详细阐述琼脂果冻的制作工艺，要点突出，观点明确。

2. 准备工作（包括材料、设备、工具等）

（1）材料：答题纸。

（2）场地和工具：教室、课桌、椅子等。

（3）考生准备：黑色或蓝色的钢笔或签字笔。

3. 考核时限

完成本题操作基本时间为 5 min，每超过 1 min 从本题总分中扣除 10%，超过 3 min 本题零分。

4. 评分项目及标准

序号	评分项	评分要点	配分	评分标准	扣分	得分
1	原料配比	用料是否准确	1	琼脂20%，清水65%，果汁或果肉15% 阐述不全面扣0.5~1分		
2	加热	方法、程序是否准确	2	将琼脂放入洁净的盛器中，加入清水，使琼脂浓度在10%左右，上笼大火蒸制30 min，待琼脂全部溶解后，加入少量白糖搅匀待用 阐述不全面扣0.5~1.5分		
3	调制与凝固	方法是否正确	2	将果汁（或切成一定形状的各色果肉）放入冷却到60℃左右的琼脂溶液中，迅速搅匀。将制好的琼脂果冻液体倒入模具中，低温冷却凝固。将凝固好的琼脂果冻扣在盘中，脱模即成 阐述不全面扣0.5~1.5分		

第八章　原料分档与切配

考 核 要 点

相关知识考核范围	考核要点	重要程度
原料分割取料	1. 分档取料	掌握
	2. 整料脱骨	熟悉
	3. 家禽的分档及应用	熟悉
	4. 中式火腿的分档	熟悉
菜肴组配	1. 花色热菜的概念	熟悉
	2. 花色热菜的组配方法	熟悉

重点复习提示

一、原料分割取料

1. 分档取料

烹饪原料的分割是指根据整形原料不同部位的质量等级，使用不同的刀具和方法对其进行有目的的切割与分类处理，使其符合烹调质量要求的工艺。分档取料一般是指对某些动物性烹调原料的分割和剔骨两部分内容。剔骨是指在动物性原料分割过程中，对需要进行肌肉、脂肪与骨骼分离的原料实施的分离处理。动物性烹调原料的剔骨包括分档剔骨和整料出骨两部分内容。

分档取料的目的是使原料符合后续烹调加工的要求，多方位体现原料的特点；保证原料的合理利用，做到物尽其用。

动物性烹饪原料的分割与剔骨必须符合菜品卫生安全要求。分档取料的基本要求是下刀准确、刀刃紧贴骨骼，保持肉的完整性。剔骨必须剔除全部硬骨与软骨，并应保持肉的完整性。分档取料必须按照原料的不同部位和质量等级进行分割与归类。

2. 整料脱骨

整料脱骨是指运用相应的刀具和一定的刀法，将整只动物性原料的全部骨骼或主要骨骼予以剔除，仍保持原有完整形态的一种工艺技法。整料脱骨的原料填入适量馅料后，适用于蒸、炖、焖等烹调技法。

整料脱骨的要求是选料精细、下刀准确、剔除全部或主要骨骼、保持原料形态完整。整料脱骨要做到进刀贴骨，骨不带肉，肉中无骨，保持原料形态完整。

整鸡脱骨的开口应在鸡的颈部和两肩相交处，沿着颈骨开一条不超过 6 cm 的刀口为宜。整鸡脱骨的第一步是脱颈骨，第二步是脱翅骨，第三步是脱躯干骨。整鸡脱骨的技术要点是开口正确、骨架不带肉、鸡皮完整。

整鱼脱骨是指在不破坏整鱼外形的基础上，运用特制刀具和技法，将鱼体内的主要骨骼及内脏通过刀口处取出的技法。整鱼出骨有脊背部开口脱骨和颈部开口两种方法。整鱼从颈部脱骨，鱼骨和内脏应从颈部刀口处取出。

整鱼颈部脱骨用的是特制的带刃长形脱骨刀。第一步是在鱼颈部一侧直切一刀，切断椎骨，然后在鱼的另一侧肛门处后也直切一刀，切断椎骨。第二步是用特制的两面带刃的长骨刀分别从颈部开口处两面插入，紧贴鱼脊椎骨推进，使骨肉分离。

3. 家禽的分档及应用

家禽开膛取内脏的方法有腹开、背开、肋开三种方法。不管采用哪种方法，第一步是先取嗉囊。

家禽背开取内脏后适宜清蒸、清炖等烹调技法之用。北京烤鸭的生坯是用肋开的方法开膛取内脏的。盐水鸭的生坯是用腹开的方法开膛取内脏的。清蒸鸡的生坯开膛取内脏的方法以背开为宜。德州扒鸡的开膛取内脏方法是腹开的方法。

4. 中式火腿的分档

中式火腿皮面呈淡棕色，肉面呈酱棕色的为冬腿。中式火腿皮面呈金黄色，肉面油腻凝结，粉状物较少的为春腿。

中式火腿在保存期间接近骨骼的部位和肌肉深处最易发生脂肪酸败。鉴别中式火腿是否变质的方法有竹签鉴别法和切开鉴别法。用竹签鉴别法鉴别中式火腿，是将竹签插入上中下三段肉厚部位。用切开鉴别法鉴别中式火腿，瘦肉呈胭脂红色、肥膘洁白是品质好的火腿。

中式火腿按照烹制需要分割为大爪、火瞳、中峰、油头、骨头，以中峰（火腿的臀尖部位）部位质量最好。中式火腿的火瞳适宜制汤、炖、焖，也可作菜肴配料。

二、菜肴组配

1. 花色热菜的概念

花色热菜又称造型热菜，是将饮食与审美意趣相结合，具有较强的食用性和观赏性。花色热菜的造型一般分为图案造型和象形造型两类。象形造型是指在菜品制作时运用艺术原理，模仿自然界的实物造型，力求神似。图案造型是指大量运用图案装饰手法的造型，充分利用夸张与变形、统一与变化、对比与调和、对称与平衡等手法。

2. 花色热菜的组配方法

花色热菜的组配方法较多，常用的有包、卷、扎等8种方法。

"包"是指用薄软而又有一定韧性的无毒原料作皮，包入调味的原料，做成不同包状形态生坯的工艺。常用于包制法皮料的有蛋皮、豆腐皮、荷叶、猪网油、糯米纸等。

包制法用的皮料不一定都能食用，但必须无毒，感官性要好，馅料一般为鲜嫩的动物性原料。

"卷"是指用薄软而又有韧性的原料作皮，中间放入经加工的原料卷制成形的生坯工艺。"卷"制法依形状的不同，可分为大卷、小卷和如意卷。

如意卷是一种象形的卷，卷制时是由两头向中间卷成如意形菜肴生坯。大卷形状较大，用于干炸烹调法居多，成熟后需改刀装盘。小卷形状较小，成熟后不需要改刀，直接装盘食用。小卷的皮料一般为动物肌肉切成的大薄片。

"扎"是指将加工成条、丝状的原料成束、成串地捆扎成菜肴生坯的工艺。

扎制法成形后的生坯形似柴把,故菜肴多以"柴把"命名。扎制法制成的菜肴生坯适宜蒸的烹调技法。

"镶"是指将调制好的茸泥镶在一定形状的薄片原料上制成菜肴生坯的工艺。

镶制菜肴的用料生坯有两种,一种是一定形态的薄片,一种是茸泥。镶制菜肴的生坯必须是无骨的动物性原料。为了使制作的茸泥粘牢,可将被镶制的原料用排斩的方法排几下。用镶制法制成的生坯适用于炸、煎、蒸、焖等制法制作成菜。

"酿"又称瓤,是指将调制好的馅心填入挖空的原料中制成菜肴生坯的工艺。

酿制菜肴的馅心可生可熟,可荤可素,但需要加工成细小的形状。馅料调味需在填入前调制好。酿制的生坯成熟以蒸制法为主。

"穿"是指将原料除骨,在除骨的空隙处,用另一种原料穿在里面制成菜肴生坯的工艺。

穿制菜肴的填充原料一般应选用丝、条状的原料,不能用茸泥类的原料。穿制法所用的去骨原料生熟皆可。适宜穿制生坯制作菜肴的技法是炸、烧。

"叠"是指将加工成形状大小、厚薄一致的原料抹糊料后,隔片粘叠在一起制成菜肴生坯的工艺。

叠制法需要将一种或一种以上原料加工成相同形状,用茸泥或淀粉糊做黏合剂。叠制法制成的菜肴生坯可适用于煎或贴制法制成菜肴。锅贴类菜肴生坯即是以叠制法制成,底片以断生的猪肥膘肉为宜。叠制工艺所用原料需按不同色泽、口味粘叠在一起,以形成菜肴的特色。

"塑"是指将茸泥原料塑成各种造型或再加以彩饰形成象形菜肴生坯的工艺。塑制法按成形方式可分为手塑法和模塑法。

塑制法的原料以动植物性茸泥原料为主,茸泥应添加调辅料和搅拌上劲,以提高其可塑性。用塑制工艺进行象形塑时,可通过用细小的原料彩饰或挤塑使其形态更加逼真。塑制工艺制成的菜肴生坯适宜蒸、汆烹调技法制作菜肴。

理论知识辅导练习题

一、单项选择题（下列每题的选项中，只有 1 个是正确的，请将其代号填在括号内）

1. 动物性烹调原料的剔骨包括分档剔骨和（　　）两部分内容。
   A. 整料出骨　　B. 局部剔骨　　C. 背部剔骨　　D. 腿部剔骨
2. 整料脱骨的原料经填入馅料后，适用于（　　）、炖、焖等烹调技法。
   A. 蒸　　　　　B. 炒　　　　　C. 煎　　　　　D. 爆
3. 整鸡脱骨的技术要点是：（　　）正确，鸡皮完整，不破不漏。
   A. 脱骨　　　　B. 开口　　　　C. 出肉　　　　D. 去骨
4. 家禽开膛取内脏的方法有三种，最常用的是（　　）。
   A. 腹开　　　　B. 背开　　　　C. 肋开　　　　D. 颈开
5. 鉴别中式火腿，切开火腿后如果有（　　）的味道，说明肉层已轻度腐败。
   A. 炒芝麻　　　B. 炒花生　　　C. 芝麻油　　　D. 花生油
6. 下列属于花色热菜组配方法的是（　　）。
   A. 包、卷　　　B. 扎、穿　　　C. 酿、夹　　　D. 以上都是
7. 卷制法依形状的不同，可分为大卷、小卷和（　　）卷。
   A. 如意　　　　B. 方形　　　　C. 长形　　　　D. 圆形
8. 扎制法的生坯形似柴把，故菜肴多以（　　）命名。
   A. 芙蓉　　　　B. 柴把　　　　C. 五彩　　　　D. 兰花
9. "酿"是将调制好的（　　），填入挖空的原料中制成菜肴生坯的工艺。
   A. 馅料　　　　B. 茸泥　　　　C. 配料　　　　D. 主料
10. 穿制法所用的去骨原料为（　　）。
    A. 生　　　　　B. 熟　　　　　C. 半熟　　　　D. 生熟皆可

二、多项选择题（请选择两个及以上正确答案，将相应字母填入括号内。每题错选或多选、少选均不得分，也不倒扣分）

1. 下列对分档取料意义表述正确的是（　　）。
   A. 保证菜肴营养卫生　　　　B. 保证原料的合理利用
   C. 提高原料的使用范围　　　D. 多方位体现原料的品质
   E. 使原料符合烹调的要求

2. 整料脱骨操作要求是：下刀准确，（　　）。
   A. 骨不带肉　　B. 进刀贴骨　　C. 外皮完整　　D. 肉中无骨
   E. 去尽脂肪

3. 下列适宜整鱼脱骨的鱼是（　　）。
   A. 鳜鱼　　　　B. 带鱼　　　　C. 鲈鱼　　　　D. 银鱼
   E. 刀鱼

4. 下列菜品的生胚适合腹开除内脏的是（　　）。
   A. 盐水鸭　　　B. 北京烤鸭　　C. 德州扒鸡　　D. 广东烧鹅
   E. 道口烧鸡

5. 中式火腿的火瞳既可（　　）之用，又可作为菜肴配料。
   A. 焖　　　　　B. 炸　　　　　C. 炖　　　　　D. 制汤
   E. 作火方

6. 下列（　　）适宜作为包的皮料。
   A. 荷叶　　　　B. 豆腐皮　　　C. 糯米纸　　　D. 鸡蛋皮
   E. 猪网油

7. 下列可以作为大卷皮料的原料是（　　）。
   A. 鱼肉片　　　B. 鸡肉片　　　C. 鸡蛋皮　　　D. 豆腐皮
   E. 猪网油

8. 下列适宜"镶"的原料是（　　）。
   A. 鸡脯肉　　　B. 外脊肉　　　C. 对虾肉　　　D. 西红柿
   E. 富士苹果

9. 下列是用"酿"制的生坯制成的菜肴是（　　）。

　　A. 葫芦鸭　　　B. 枣泥苹果　　C. 百花鱼肚　　D. 锅塌豆腐

　　E. 八宝冬瓜盒

10. "叠"就是将加工成形状（　　）一致的原料，抹糊料后，隔片粘叠在一起制成菜肴生坯的工艺。

　　A. 大小　　　　B. 厚薄　　　　C. 粗细　　　　D. 多少

　　E. 均匀

三、判断题（将判断结果填入括号中，正确的填"√"，错误的填"×"）

1. 分档取料的基本要求是下刀准确、刀刃紧贴骨骼，保持肉的完整性。（　　）

2. 整鸡脱骨的开口长度应控制在 12 cm 以上为宜。（　　）

3. 整鱼颈部开口脱骨用的是特制的带刃长形脱骨刀。（　　）

4. 中式火腿皮面呈淡棕色，肉面呈酱棕色的为冬腿。（　　）

5. 花色热菜是指用多种原料制成的热菜。（　　）

6. 包制法用的皮料不一定都能食用，但必须无毒，感官性要好。（　　）

7. "扎"就是将加工成条、丝状的原料成束、成串地捆扎成菜肴生坯的工艺。（　　）

8. 镶制菜肴的生坯必须是无骨的动物性原料。（　　）

9. "穿"是指将原料除骨，在除骨的空隙处，用另一种原料穿在里面制成菜肴生坯的工艺。（　　）

10. 叠制法需用茸泥或淀粉糊做黏合剂。（　　）

参 考 答 案

一、单项选择题

1. A　2. A　3. B　4. A　5. A　6. D　7. B　8. B　9. A　10. D

二、多项选择题

1. BCDE 2. ABCD 3. ACE 4. ACE 5. ACD
6. ABCDE 7. CDE 8. ABC 9. ABE 10. AB

三、判断题

1. √ 2. × 3. √ 4. √ 5. × 6. √ 7. √ 8. √ 9. √ 10. √

技能操作题

【题目1】整鸡脱骨

1. 考核要求

(1) 颈部开口，刀口不超过 6 cm。

(2) 脱骨干净，鸡架完整。

(3) 骨不带肉，肉不夹碎骨。

(4) 鸡皮完整，无破口，翻转成形。

(5) 鸡肉结构完整。

(6) 鸡皮干净，无残毛。

2. 准备工作

(1) 材料：光鸡一只，750~1 000 g。

(2) 场地和工具：操作台、菜墩（砧板）、平盘、洗菜盆等。

(3) 考生准备：刀具、工作服、工作帽、清洁布等。

3. 考核时限

完成本题操作基本时间为 12 min，每超过 2 min 从本题总分中扣除 10%，超过 6 min 本题零分。

4. 评分项目及标准

序号	评分项目	评分要点	配分	评分尺度	扣分	得分
1	开口	开口位置与开口度	15	(1) 开口部位基本正确，扣1~3分 (2) 开口位置偏离，扣3~8分 (3) 开口每超1 cm扣5分 (4) 本项扣完为止		
2	脱骨	脱骨度与骨肉分离度	40	(1) 一部位骨（刺）未出，扣10~20分 (2) 骨架不完整，扣5~10分 (3) 骨（刺）上略带肉，扣5~10分 (4) 骨（刺）上带肉较多，扣10~25分 (5) 本项扣完为止		
3	形态	表皮与肌肉完整度	35	(1) 有0.5 cm以下1个破口，扣1分 (2) 有0.5 cm以上、1 cm以下1个破口，扣2分 (3) 有1 cm以上、2 cm以下1个破口，扣3分 (4) 有3 cm以上1个破口，扣5分 (5) 肌肉部位较完整，扣1~3分 (6) 肌肉部位不完整，扣3~8分 (7) 本项扣完为止		
4	卫生	洁净度	10	(1) 表皮未洗涤干净，扣1~5分 (2) 表皮有残毛，扣1~5分		
	合计		100			
	否定项			若作品出现下列情况之一，该项考试成绩记零分： (1) 有0.5 cm以下破口8个 (2) 有1~2 cm破口5个 (3) 有3 cm以上破口3个 (4) 未完成脱骨的1/3		

【题目2】整鱼脱骨

1. 考核要求

（1）在鳃后部与尾部对称切断脊骨开口。

（2）脱骨刺干净，肉不带骨刺。

（3）鱼皮完整，无破口。

(4) 鱼肌肉结构完整。

(5) 鱼皮干净,无残鳞。

2. 准备工作

(1) 材料:草鱼一条,850 g 左右。

(2) 场地和工具:操作台、菜墩(砧板)、平盘、洗菜盆等。

(3) 考生准备:刀具、工作服、工作帽、清洁布等。

3. 考核时限

完成本题操作基本时间为 12 min,每超过 2 min 从本题总分中扣除 10%,超过 6 min 本题零分。

4. 评分项目及标准

序号	评分项目	评分要点	配分	评分尺度	扣分	得分
1	开口	开口位置与开口度	10	(1) 开口部位基本正确,扣 1~3 分 (2) 开口位置偏离,扣 3~8 分 (3) 开口每超 1 cm 扣 5 分 (4) 本项扣完为止		
2	脱骨	脱骨度与骨肉分离度	40	(1) 一部位骨(刺)未出,扣 10~20 分 (2) 骨架不完整,扣 5~10 分 (3) 骨(刺)上略带肉,扣 5~10 分 (4) 骨(刺)上带肉较多,扣 10~25 分 (5) 本项扣完为止		
3	形态	表皮与肌肉完整度	40	(1) 有 0.5 cm 以下 1 个破口,扣 1 分 (2) 有 0.5 cm 以上、1 cm 以下 1 个破口,扣 2 分 (3) 有 1 cm 以上、2 cm 以下 1 个破口,扣 3 分 (4) 有 3 cm 以上 1 个破口,扣 5 分 (5) 肌肉部位较完整,扣 1~3 分 (6) 肌肉部位不完整,扣 3~8 分 (7) 本项扣完为止		
4	卫生	洁净度	10	(1) 表皮未洗涤干净,扣 1~5 分 (2) 表皮有残鳞,扣 1~5 分		
	合计		100			
	否定项			若作品出现下列情况之一,该项考试成绩记零分: (1) 鱼皮有破口 3 个以上 (2) 未完成脱骨的 1/3		

第九章　原料预制加工

考 核 要 点

相关知识考核范围	考核要点	重要程度
制汤	1. 制汤基础	掌握
	2. 清汤的制作工艺	熟悉
	3. 白汤的制作工艺	熟悉
	4. 毛汤的制作工艺	熟悉
	5. 鱼浓汤的制作工艺	熟悉
	6. 素汤的制作工艺	熟悉
制冻	1. 冻制法	掌握
	2. 琼脂冻的制作工艺	熟悉
	3. 鱼鳞冻的制作工艺	熟悉
	4. 猪皮冻的制作工艺	熟悉
	5. 鱼胶冻的制作工艺	熟悉
	6. 水晶皮冻的制作工艺	熟悉
	7. 分子料理的制作工艺	熟悉
制茸泥（茸胶）	1. 茸泥（胶）	熟悉
	2. 动物性茸泥的制作工艺	熟悉
	3. 植物性茸泥的制作工艺	熟悉
	4. 滑炒鸡线的制作工艺	熟悉
	5. 鸡豆花的制作工艺	熟悉
	6. 芙蓉鱼片的制作工艺	熟悉
	7. 鱼圆的制作工艺	熟悉
	8. 水晶虾球的制作工艺	熟悉

重点复习提示

一、制汤

1. 制汤基础

制汤是指将富含蛋白质、脂肪、矿物质等营养素的动植物性原料放入水锅中,采取一定的加热手段,使营养素溶入水中,以提取鲜汤的工艺过程。制汤的过程是原料中呈味物质由固相(原料)向水相(汤)的浸出过程。

鲜汤种类很多,各地称谓也有所不同。按制汤的性质,可分为动物性鲜汤和植物性鲜汤两大类。白汤按质量可分为一般白汤和浓白汤两种。清汤按质量和用途可分为一般清汤和高级清汤两种。

鲜汤的用途非常广泛,不仅在汤菜中使用,其他许多类菜肴也离不开鲜汤。鸡精、味素与鲜汤的鲜美相比是有差异的,它们不能取代鲜汤的作用。鲜汤在菜肴制作中能增加鲜味、增加美味、增加营养。

用于制汤的动物性原料应新鲜,并要经过焯水处理后再用于制汤。用于吊制高级清汤的臊子以鸡腿茸效果最佳。适宜制汤的原料有老母鸡、老母鸭、黄豆芽等。

制汤过程中形成汤色不同的因素主要是火候和油脂乳化。

鲜汤的质量与原料中呈味物质转移的程度直接相关。制汤原料在刚入锅时,原料表层呈味物质的浓度大于水中呈味物质的浓度。在加热过程中,呈味物质由原料的内层向外层扩散,再由外层向汤中扩散,最终达到浸出平衡。

吊制高级清汤前,在一般清汤中加入少量盐有利于汤的稳定性。吊制高级清汤时,首先将清汤中的浮油撇干净,否则会造成汤乳白、混浊。吊汤所用的茸料应在吊汤加热开始时投入。吊汤的技术要点是:汤沸而不腾、将原汤油撇净、吊汤前放入盐、掌握茸料投放时机。

吊汤之前加少量食盐,可使汤处于低浓度盐的状态,增加蛋白质的溶解度,称为盐溶作用。制汤过程中加盐会影响蛋白质的浸出。

制汤时火力过大，会使原料中呈味物质无法充分浸出。如果火力过小，会减缓原料中的呈味物质浸出，影响汤汁质量。

2. 清汤的制作工艺

一般清汤又称三合汤，是指将富含蛋白质、矿物质、脂肪的专用动物性原料放入水锅中旺火加热烧开，改小火加热，提取的清澈鲜醇的汤汁。

制作一般清汤的原料比较高档，主要有老母鸡、牛精肉、猪肘、火腿等。制作一般清汤的技术要点是：旺火煮沸、小火长时间加热、汤始终保持沸而不腾的状态。

高级清汤是在一般清汤的基础上吊制而成的。吊制高级清汤就是利用鸡茸泥中蛋白质的吸附作用，吸附汤中悬浮微粒，使汤汁清澈见底的工艺。

高级清汤的特色是汤清见底、味极鲜。吊制时汤面应保持沸而不腾，温度以不超过 99 ℃为宜。为使高级清汤更加味鲜和清澈，将吊汤的工艺重复三遍，行业中称之为三吊汤。

3. 白汤的制作工艺

一般白汤是指将制汤原料放入水锅中大火加热，后改中火加热 40 min，汤面始终保持沸腾状态，提取的微乳白色汤汁。

制作一般白汤的原料各地有所不同，北方多以家禽、家畜类原料的骨架为主。制作一般白汤的原料应先进行焯水处理，去除血污和异味，以确保汤的鲜味。

浓白汤是指将动物性特定原料焯水后加清水，运用一定火候煮成的稠、白、鲜、香、浓的汤汁。浓白汤汤色乳白，故又称奶汤。

制作浓白汤的原料是专用料，出汤率约为原料的 2 倍。制作浓白汤必须始终保持汤面沸腾，使原料中的呈味物质浸出，并发生油脂的乳化作用，使汤乳白浓稠。为使汤色更加浓白，可添加鲜猪舌和鲜猪肚。添加金华火腿可增加汤汁的鲜、香度。

4. 毛汤的制作工艺

毛汤又称二汤，是头汤制好后，用部分头汤或捞出部分原料加水继续熬煮而成的汤汁。毛汤的特点是色淡，鲜味清和，质量较次，适用于制作一般菜肴。

制作毛汤时需用大火并保持汤面沸腾，连续取用、补水。毛汤的出汤率约为原料的4倍。制毛汤时可将原料改小以促使呈色物质、营养物质、呈味物质的完全浸出。

5. 鱼浓汤的制作工艺

鱼白汤是以鲜淡水鱼为原料通过煎制，加入适量清水用大火烧开，中火熬煮至浓白的汤汁。原料以鲫鱼为佳。制鱼汤可适量添加大油以提高汤的浓白度。制鱼汤的出汤率以1∶2为宜，鲜味最浓。

6. 素汤的制作工艺

素汤是指用营养素较高的植物性原料放入水锅中用一定的火候，加热一定时间制成的汤。黄豆嘴、菌类是制作素汤的主要原料。黄豆嘴素汤浓白，味鲜醇，适宜制作高档素菜之用。竹笋汤不能单独使用，必须与黄豆嘴汤拼用，才能产生良好的效果。

制作口蘑素汤以干口蘑为宜。制作素汤的加热时间以30~40 min为宜。制作传统的素清汤应大火烧开小火熬煮。

二、制冻

1. 冻制法

冻制法是指将富含胶原蛋白或结缔组织较多的动物性原料（或富含半乳糖或多糖高分子化合物的植物性原料）进行加热水解形成胶体，冷却后凝固成冻的技法。

冻制菜肴原料可分为植物性和动物性两类。冻制法的冷凝法可分自然凝固法和添加剂凝固法。

动物性冻制菜肴主要以家禽的皮和淡水鱼的鳞为原料。猪皮中含有大量优质胶原蛋白，是制冻的理想原料。琼脂是以石花菜为原料制成的，富含半乳糖，适宜制果冻。

冻制菜肴的特点是晶莹透亮，口味清鲜，质柔韧而有弹性。冻制菜肴清爽利口，有的入口即化，是夏季时令菜肴。冻制菜肴可通过分层凝固达到多种原料与口味的融合。

用煮的方法制"冻"时应大火烧开小火慢煮，中途不能加水。冻制的胶汁在 0 ℃中凝固最为理想。制"冻"使用纯净水，有利于冻汁的清澈。制"冻"时着色剂应在冻汁制好后调入。冻汁在凝固期间最好不要晃动，以免影响成形。

2. 琼脂冻的制作工艺

琼脂在冷水中不溶解，但能吸水膨胀。用琼脂制冻首先用冷水浸泡回软，再用大火蒸制 30 min，冷却。制琼脂冻时，琼脂的浓度以 10% 为宜，在琼胶冷却至 60 ℃左右时倒入果汁迅速搅匀后冷凝。

琼脂的吸水性和持水性高。制琼脂果冻既可加入果汁，也可加入果肉。制作琼脂果肉冻，加入果肉过多会影响果冻的成形。

琼脂冻类菜肴色彩艳丽，质地酥柔而有弹性。琼脂冻类菜肴造型多样，适宜模塑与雕刻成形，味型以水果的香甜味为主。琼脂属于高分子多糖类物质，适宜高血压、高血脂人群食用。

3. 鱼鳞冻的制作工艺

制作鱼鳞冻的鱼鳞越大，蛋白质含量越高，制成的鱼鳞冻质量越好。制鱼鳞冻的鱼鳞以淡水鱼鳞为宜，添加料有葱、姜、盐和料酒。

制作鱼鳞冻的鱼鳞需要经过反复漂洗处理后才能使用。鱼鳞与水的比例以 1∶2 为宜。可加入葱、姜、料酒，待蒸制后再加盐进行调味，然后冷凝。制作鱼鳞冻需将蒸制好的鱼鳞汁过滤，然后再倒入盘中自然冷却成冻。蒸鱼鳞冻需用旺火，蒸制 10 min 为宜。

鱼鳞冻的成品特点是晶莹剔透，柔韧有弹性，口味清鲜。鱼鳞冻中除含有丰富的胶原蛋白外，还含有较多的卵磷脂。制鱼鳞冻可在凝固前加入熟的净鱼肉，以增加食用性。

4. 猪皮冻的制作工艺

猪皮冻属于原汁冻，即直接利用原料所含的胶质，经熬、煮或蒸后冷却凝结成的冻。用熬制法制猪皮冻时，应先用大火烧开，撇去浮沫、浮油，再用小火熬制。将已煮软烂的猪皮在粉碎机中搅碎（或切成条状），再放入原汁中冷却凝固成冻效果最佳。

用熬制法制猪皮冻，水与肉皮的比例以 5∶1 为宜，最好选择猪脊背的皮，食盐应在熬制汤汁浓稠时加入。

猪皮冻中所含胶原蛋白属于不完全蛋白质。猪皮冻的特点是清凉爽滑，有弹性，味清鲜，适宜在夏季食用。猪皮冻中脯氨酸、羟脯氨酸含量高，可与其他蛋白质起互补作用，具有易消化吸收的特点。猪皮冻中含有凝胶，所以其口感爽滑有弹性。猪皮冻具有低脂肪、低热量的特点。

5. 鱼胶冻的制作工艺

鱼胶片是从动物的骨中或鱼鳞中提取出来的胶质，呈金黄色，为透明的薄片状，有腥味。用鱼胶片制冻应先将鱼胶片放入冷水中浸泡回软，再放入温的溶液中搅拌均匀，溶液与鱼胶片的比例以 1∶16 为宜。

鱼胶粉是鱼胶片经脱色去腥后的白色粉状物。鱼胶粉与鱼胶片性能相同，但用法略有不同。将鱼胶粉或含有鱼胶粉的溶液加热至沸腾，其凝固功能将失去。鱼胶粉可直接放入凉水中浸泡，膨胀软化后再搅拌，否则易结块。和鱼胶片相比，鱼胶粉腥味很小，适合制甜品。

6. 水晶皮冻的制作工艺

水晶皮冻晶莹透明，如水晶般光洁，故称之为水晶皮冻。水晶皮冻适用于蒸的方法加热制作冻汁，以蒸制 100 min 为宜，将蒸好的汤汁过滤后再倒入方盘内冷却凝固。猪肉皮与水的比例以 1∶3 为宜。

7. 分子料理的制作工艺

广义上的分子料理是充分利用化学、物理反应的烹饪工艺。狭义上的分子料理是将单分子原料，用相应工具，以精确的化学、物理反应方式，通过分子重组制作出全新菜点的烹饪工艺。分子料理是三十年前，由两位西方科学家最先提出的。

分子料理常用的原料多为天然食材的提取物，具有代表性的原料是褐藻胶、乳酸钙、黄原胶、海藻酸凝胶、大豆卵磷脂。分子料理对工具的要求很精确。

三、制茸泥（茸胶）

1. 茸泥（胶）

茸泥又称缔子或糁子，北方多称为泥子，是指将特定的动、植物性原料经粉碎加工成茸泥状，加入水、盐或蛋清等调/辅料搅拌成的有黏性的胶状物料。茸泥的形成是对烹调原料组织和风味优化和改良的产物。

茸泥的特点是质地细嫩，改善了原料的质感，黏性大、可塑性强，易于菜肴的造型。

制作动物性茸泥应选择蛋白质含量高的肌肉原料，制作植物性的茸泥应选择淀粉含量高的原料。

茸泥的种类很多，各地的称谓也不同。据弹性的不同可分硬质、软质、嫩质和汤糊茸泥，据颗粒大小不同可分粗茸和细茸茸泥两种。

调制茸泥应顺时针向一个方向搅，才能使茸泥上劲不脱水。制作茸泥的最佳温度是2℃左右，出现脱水的原因是加入盐过早。

制茸泥加入猪肥膘肉，可使茸泥制品油润光亮，形态饱满，口感细嫩，气味芳香。

蛋清在制作茸泥中具有提高茸泥的弹性和嫩度、提高茸泥的吸水能力、增加茸泥的黏性、使成品洁白光亮的作用。

2. 动物性茸泥的制作工艺

制作鸡茸泥首先用刀排斩原料，然后再用刀背砸制，也可用粉碎机粉碎制茸。不宜添加葱米、姜米，但可添加葱姜汁。制作鸡茸泥的流程是制茸→加水搅制→加盐搅上劲→加蛋清搅匀→加入大油搅匀（如使用猪膘肉可不放大油）。北方地区制作鸡茸泥一般不添加淀粉，以使菜品更加滑嫩。

鸡脯肉是制作鸡茸泥的最佳原料，可以添加适量的猪肥膘。

制作鸡茸泥应先搅入水，然后再放入盐搅上劲。水要逐次加入，要边加水边向一个方向速搅。禽肉的吸水量高，一般在80%~100%。

制作鱼茸泥的原料是净鱼肉、蛋清、水（葱姜汁）、盐。取鱼肉时可以采用直接取肉法或刮取鱼肉法，净鱼肉要先经过漂净处理血水。调制鱼茸泥的一般流程是选料→浸泡→制茸→制茸胶。

白鱼是制作鱼茸泥的最佳原料，质地细嫩，吸水力强。制作鱼茸泥时不可加入菜汁，但在制作风味菜肴时可以加入。

鱼茸泥与水的结合性较强，可结合1~2倍的水。制好的鱼茸泥放置在2~8℃

的冷藏柜中静置 1~2 h 再使用效果最佳。南方一些菜系中制鱼茸泥时一般不使用蛋清，但北方地区较多使用。

制作虾茸泥一般要加入猪肥膘。虾茸泥的制作流程是选料→制茸→制茸胶。

最适宜制作虾茸泥的原料是河虾。应先去除虾仁中的沙肠。在刀塌之前要将虾仁放在干抹布上挤压去除水分。

制作虾茸泥猪肥膘添加过多，制成的菜品表面会产生孔洞。虾茸与水的结合力较差，制作虾茸时打水量不能超过 10%。

制作猪肉茸泥的工艺流程是选料→制茸→制茸胶（打水，加盐搅上劲，加蛋清、大油搅匀）。用绞肉机粉碎猪肉制茸，一般需要绞 3~5 遍。

制作猪肉茸泥的最佳原料是猪外脊。蛋清是制作猪肉茸泥不可缺少的添加料。制作猪肉茸泥可打入葱姜汁水。

制猪肉茸泥时要先剔除肉中的筋膜，以保证茸泥的质地。最佳的温度是在 2 ℃ 左右，这一温度最利于肌肉活性蛋白质的溶出。加盐的目的是为了上劲，打水的比例以 1∶0.6~0.8 为宜。

制作牛肉茸泥的工艺流程是选料→制茸→制茸胶。先将肉剔除筋膜，切成小块，用绞肉机绞 3~5 遍即符合制茸要求。制作牛肉茸泥不能添加大油。

牛外脊肉质嫩，最适宜制牛茸泥之用。调制牛肉茸泥可以添加蛋清。

制作牛肉茸泥添加少量的小苏打或嫩肉粉是为了增加其持水性，使其更加细嫩。加入蛋清，是为提高茸泥的弹性和嫩度。

3. 植物性茸泥的制作工艺

南瓜泥可用于制作南瓜饼和汤羹类菜肴。制作南瓜泥应将南瓜去皮和籽瓤，然后再蒸制。

土豆去皮后易褐变，在制土豆泥时应先制熟再去皮，用刀塌泥。制作土豆泥用的土豆在制熟过程中可加少许盐。

制作蚕豆泥的原料以嫩蚕豆为宜。先将嫩蚕豆瓣焯熟，用凉水浸凉后，再加工成蚕豆泥，既可用刀塌成泥，也可用食品粉碎机加工成蚕豆泥。蚕豆泥可制成蚕豆酥、蚕豆饼等菜点。

嫩豆腐是制作豆腐泥的最好原料。制作豆腐泥不仅要将豆腐塌成泥状，还要控净水分。

山药泥可制作八宝山药、山药寿桃等菜。山药泥的粗细程度要视菜肴具体品种要求而定。制作山药泥的第一步是洗净蒸熟，用旺火将山药蒸 15 min 左右为宜，再塌成泥。

4. 滑炒鸡线的制作工艺

制作滑炒鸡线使用的是软质鸡茸泥，滑油时的最佳油温是 102 ℃左右。滑炒鸡线在出锅前应撒少许火腿茸。

滑炒鸡线的成品特点是色泽洁白、质滑嫩、口味清鲜、芡汁紧亮。制作滑炒鸡线在调制鸡茸时不能添加姜末。

5. 鸡豆花的制作工艺

制作鸡豆花的鸡茸应越细越好，加入的猪肥膘是生肥膘茸，添加的蛋液是调散的蛋清。制作 150 g 鸡豆花的鸡茸，以搅入 350 g 水为宜。

制作鸡豆花的鸡茸不需要搅上劲，在烹调前将调/辅料搅拌均匀即可。操作要点是鸡茸入锅后应用手勺轻轻推动，以便成形。"吃鸡不见鸡，不似鸡肉，恰似鸡肉，胜似鸡肉"，这是对鸡豆花菜肴特色的描述。鸡豆花是一道无芡的汤菜，汤清见底，使用的汤是高级清汤。鸡豆花的成品为雪花状。

6. 芙蓉鱼片的制作工艺

制作芙蓉鱼片的茸泥是软质鱼茸泥，成菜芡汁是紧汁芡。

制作芙蓉鱼片滑油时使用的是旺火热勺凉油锅（98～102 ℃）。芙蓉鱼片的特点是色泽洁白，紧汁亮芡，口味清鲜，质感滑嫩。为保证芙蓉鱼片质感滑嫩的特点，应使用兑汁芡爆汁。

7. 鱼圆的制作工艺

制鱼圆的茸泥为软质茸胶。制鱼圆如果水过于沸腾，就会使鱼圆失去弹性，口感变得粗老。氽鱼圆时，水锅的最佳温度是 60 ℃。调制鱼圆茸泥时可以添加少量的油脂。鱼圆在氽制成熟后应放在清水中保鲜。

8. 水晶虾球的制作工艺

制作水晶虾球的虾茸是硬质茸，应将虾仁加工成粗茸，虾茸可添加 10%的生猪肥膘和 25%的熟猪肥膘。加入马蹄可使虾球的口感更爽脆。

理论知识辅导练习题

一、单项选择题（下列每题的选项中，只有1个是正确的，请将其代号填在括号内）

1. 制汤的过程是原料中呈味物质由固相（原料）向水相（汤）的（　　）过程。
   A. 加热　　　B. 饱和　　　C. 渗透　　　D. 浸出

2. 吊汤所用的茸料应在吊汤（　　）投入。
   A. 加热开始时　　　　　　B. 清汤沸腾时
   C. 清汤稠浓时　　　　　　D. 清汤加热中

3. 高级清汤味的特点是（　　）。
   A. 鲜　　　B. 新鲜　　　C. 清鲜　　　D. 极鲜

4. 制毛汤时可让汤汁连续（　　），连续取用、补水。
   A. 微开　　　B. 沸腾　　　C. 加热　　　D. 受热

5. 冻制菜肴可通过（　　）达到多种原料与口味的融合。
   A. 原料混合　　　B. 调料多样　　　C. 充分溶解　　　D. 分层凝固

6. 制鱼鳞冻的鱼鳞以（　　）鱼鳞为宜。
   A. 海水　　　B. 淡水　　　C. 河水　　　D. 湖水

7. 用鱼胶片制冻胶应先将鱼胶片放入（　　）中浸泡回软后再使用。
   A. 开水　　　B. 温水　　　C. 沸水　　　D. 冷水

8. 制水晶皮冻猪肉皮与水的比例以（　　）为宜。
   A. 1∶1　　　B. 1∶2　　　C. 1∶3　　　D. 1∶4

9. 分子料理可将原料进行分子（　　）制成各种象形菜点。
   A. 调味　　　B. 上色　　　C. 重组　　　D. 分离

10. 茸泥的形成是对烹调原料组织和风味（　　）和改良的产物。
    A. 优化　　　B. 优良　　　C. 优秀　　　D. 优质

11. 制茸泥加入猪肥膘的作用之一是可使茸泥类菜品（　　）。
    A. 油润光亮　　B. 光亮透明　　C. 透明亮丽　　D. 色洁鲜艳
12. 制作鸡茸泥时如果使用了猪肥膘，调制时就不再添加（　　）。
    A. 盐　　　　　B. 大油　　　　C. 葱汁　　　　D. 姜汁
13. 制作鸡茸泥应先搅入（　　），然后再放入盐搅上劲。
    A. 水　　　　　B. 油　　　　　C. 蛋　　　　　D. 淀粉
14. 用绞肉机粉碎猪肉制茸，一般需要绞（　　）遍。
    A. 1　　　　　B. 2　　　　　C. 3~5　　　　D. 8~10
15. 制作牛肉茸泥添加少量的小苏打是为了增加其持水性，使其（　　）。
    A. 更易成形　　B. 更加细嫩　　C. 更易制熟　　D. 更加鲜红
16. 制作滑炒鸡线滑油时的最佳油温是（　　）℃左右。
    A. 102　　　　B. 140　　　　C. 150　　　　D. 160
17. 制作150 g鸡豆花的鸡茸，应搅入（　　）g水。
    A. 150　　　　B. 160　　　　C. 350　　　　D. 800
18. 制作芙蓉鱼片使用的是（　　）茸泥。
    A. 软质　　　　B. 嫩质　　　　C. 硬质　　　　D. 汤糊
19. 氽鱼圆时，水锅的最佳温度是（　　）℃。
    A. 60　　　　　B. 80　　　　　C. 85　　　　　D. 100
20. 制作水晶虾球的虾茸可添加（　　）%的生猪肥膘和25%的熟猪肥膘。
    A. 5　　　　　B. 6　　　　　C. 7　　　　　D. 10

二、多项选择题（请选择两个及以上正确答案，将相应字母填入括号内。每题错选或多选、少选均不得分，也不倒扣分）

1. 下列为鲜汤在菜肴制作中作用的是（　　）。
   A. 增加鲜味　　B. 确定口味　　C. 增加美味　　D. 确定色泽
   E. 增加营养
2. 下列对一般清汤的特点表述正确的是（　　）。
   A. 汤色较白　　B. 清澈鲜醇　　C. 选用专用料　　D. 必须经过提清

E. 可用于制高级清汤

3. 下列对浓白汤的特点表述正确的是（　　）。

　　A. 浓　　　　B. 鲜　　　　C. 白　　　　D. 稠

　　E. 香

4. 下列对素汤的特点表述正确的是（　　）。

　　A. 清鲜　　　B. 不腻　　　C. 味醇　　　D. 浓香

　　E. 浓白

5. 下列对制冻技术要点表述正确的是（　　）。

　　A. 用纯净水煮制　　　　　　B. 0 ℃环境下凝固

　　C. 凝固期间不晃动　　　　　D. 在10 ℃环境下冷凝

　　E. 凝固期间不要受热

6. 下列对鱼鳞冻的特点表述正确的是（　　）。

　　A. 有弹性　　B. 口味清鲜　C. 晶莹剔透　D. 冷热均可

　　E. 口味香甜

7. 下列为茸泥特征的是（　　）。

　　A. 黏性大　　B. 可塑性强　C. 易于消化　D. 可塑性差

　　E. 改善了质地

8. 下列适宜制鱼茸泥的鱼是（　　）。

　　A. 白鱼　　　B. 黑鱼　　　C. 鳜鱼　　　D. 鲫鱼

　　E. 胖头鱼

9. 下列对制肉茸泥加盐的意义表述正确的是（　　）。

　　A. 使茸泥上劲　　　　　　　B. 增加茸泥的浓度

　　C. 增加茸泥的软度　　　　　D. 增加茸泥的柔度

　　E. 增加茸泥的底口

10. 下列适宜蚕豆泥的烹调技法是（　　）。

　　A. 炸　　　　B. 炒　　　　C. 烤　　　　D. 炖

　　E. 焖

三、判断题（将判断结果填入括号中，正确的填"√"，错误的填"×"）

1. 白汤形成的原理主要是油脂乳化。（　　）
2. 高级清汤是在一般清汤的基础上吊制而成的。（　　）
3. 制作浓白汤时必须始终保持汤面沸腾。（　　）
4. 冻制法的冷凝法可分自然凝固法和添加剂凝固法。（　　）
5. 琼脂冻类菜肴的口味都是甜味的。（　　）
6. 猪皮冻中所含胶原蛋白属于不完全蛋白质。（　　）
7. 调制茸泥应顺时针向一个方向搅，才能使茸泥上劲不脱水。（　　）
8. 制作虾茸泥一般要加入猪肥膘。（　　）
9. 牛外脊肉质嫩，最适宜制牛茸泥之用。（　　）
10. 山药泥的粗细程度要视菜肴具体品种要求而定。（　　）

参 考 答 案

一、单项选择题

1. D　2. A　3. D　4. B　5. D　6. B　7. D　8. C　9. C　10. A
11. A　12. B　13. A　14. C　15. B　16. A　17. C　18. A　19. A　20. D

二、多项选择题

1. ACE　　2. BCE　　3. ABCDE　　4. AC　　5. ABCE
6. ABC　　7. ABCE　　8. ABC　　9. AE　　10. ABC

三、判断题

1. √　2. √　3. √　4. √　5. ×　6. √　7. √　8. √　9. √　10. √

第十章 菜肴制作

考 核 要 点

相关知识考核范围	考核要点	重要程度
热菜制作	1. 宴席知识	掌握
	2. 拔丝法	熟悉
	3. 蜜汁法	熟悉
	4. 扒制法	熟悉
	5. 煨制法	熟悉
	6. 炖制法	熟悉
	7. 贴制法	熟悉
	8. 塌制法	熟悉
	9. 烤制法	熟悉
	10. 盐焗法	熟悉
	11. 热菜糟制法	熟悉
冷菜制作	1. 冷菜的概念	掌握
	2. 挂霜法	熟悉
	3. 琉璃法	熟悉
	4. 冷菜糟制法	熟悉
	5. 花色冷菜拼摆	熟悉
	6. 食品雕刻	熟悉
	7. 宴会冷菜	熟悉

重点复习提示

一、热菜制作

1. 宴席知识

一般宴席热菜占宴席比重的80%。宴席的特征是规格化、聚餐式、社交性。宴席菜肴是由冷菜、热菜（头菜、热炒菜、大菜）、点心、酒水和水果等构成的。

宴席菜肴设计的原则是以顾客需要为导向、服务宴席主题，以价格定档次，数量与质量相统一，风味特色鲜明，菜品多样化。

宴席菜肴的营养组配提倡"两高三低"（即高蛋白、高维生素，低热能、低脂肪、低盐）模式。只有运用多种原料进行配菜，才能配制出营养成分比较平衡的宴席。宴席菜肴营养组配原则是营养结构合理、荤素搭配比例恰当、酸碱度平衡。

宴席菜肴的色彩组配是指菜肴原料之间、菜肴与菜肴之间、菜肴与器皿之间的组配。宴席菜肴原料间的色彩组配是为了最大限度地衬托出菜肴的本质美。宴席中使用的餐具质量要与宴席的规格相匹配。

宴席菜肴的上菜原则是：先冷后热，先质优后一般，先咸后甜，先荤后素。宴席中先主后次的上菜程序是指热菜的上菜程序，先咸后甜的上菜原则是指热菜与点心的上菜程序。

一般宴席中的冷菜应占宴席比重的10%~15%，高档宴席中的冷菜应占宴席比重的15%。宴席遵循因人配菜的基本原则，即重点保证主宾，同时兼顾其他客人。编制宴席菜单考虑的第一因素是因价配菜。

宴席中菜肴的数量是指组配菜肴的总数和每道菜的量。宴席中热菜的数量一般以8~12道为宜。宴席中每道菜的量与菜肴品种数量的关系成反比。正常体力劳动者每人每次宴席的净料量以750 g左右为宜。

喜宴的热菜组配要有突出喜宴特色的菜肴。喜宴的热菜以10~12道为宜，在组配时应做到口味、制法多种多样。

寿宴的热菜口味以清淡为主。寿宴的热菜以 10~12 道为宜，在组配时应量少而精，以酥烂、软嫩、滋补为主，以炖、蒸、扒、焖等烹调技法为主，应少油、少盐、少糖、易于消化。

商务宴是以一定的商务活动为目的进行的宴席，菜肴的组配应符合这个目的。中高档商务宴中的大菜一般以中高档干货原料为主料。商务宴的热菜口味、口感应是多种多样的，以适宜不同客人的需要，组配要重点了解主副宾客的嗜好和忌讳。

2. 拔丝法

拔丝是指将糖用油或水炒成糖液，包裹于炸好的原料上并出丝成菜的技法。拔丝又叫拉丝，是制作纯甜菜的烹调技法之一。拔丝炒糖的目的是使糖由结晶体转化为液体，最终形成无定型的玻璃体。

拔丝是烹调中的一种特殊技艺，主要有油拔和水拔两种方法。油拔法是用少量油炒制糖浆的方法，糖与油的比例以 30：1 为宜。水拔法是用少量水炒制糖浆的方法，糖与水的比例以 6：1 为宜。

拔丝糖浆出丝的最佳温度为 160 ℃。拔丝炒糖时应注意温度的控制，温度高，火力过旺，会使蔗糖色泽变深，味变苦。炒好的糖浆不能有未溶化的晶体，否则会影响成品的亮度、脆度和出丝度。拔丝制品应保持一定的温度，有利于保证出丝的效果。

拔丝菜的主要成品特点是糖浆晶莹、食时有丝、质外酥脆内嫩、口味甜香。制作拔丝菜糖浆中的水分含量应低于 2%，以免影响出丝度。

用水果类原料制作拔丝菜肴时，应先将原料拍一层粉，然后再挂糊炸制，否则易脱糊。制作拔丝哈密瓜拍粉后挂发粉糊，效果最佳。土豆、红薯、山药含淀粉多水分少，用于制作拔丝菜时可只拍粉不挂糊。

制作拔丝苹果，苹果改刀后经拍粉挂糊处理后才能进行过油，使用发粉糊效果最佳。制作拔丝苹果糖浆的温度以 160 ℃ 最佳。成品的特点是食时有丝、外脆内嫩、色泽金黄、口味甜香。

制作拔丝西瓜时，最好将西瓜切成菱形块或滚刀块，适宜挂发粉糊或蛋泡糊，炸制时以 5 成油温为宜。拔丝西瓜的成品特点是口味香甜、银丝缕缕、色泽金黄、口感外脆内多汁。

3. 蜜汁法

蜜汁法又称蜜炙法，是指将白糖与冰糖或蜂蜜等加清水将原料煨、熬成带浓汁菜肴的烹调方法，适用于水分较少的干鲜果品。蜜汁法古已有之，在明代称蜜煮或蜜煨。

蜜汁法分为三类，即原味、焦糖味、复合味。蜜汁法中的复合味是在白糖与冰糖或蜂蜜的基础上，添加糖桂花酱、玫瑰酱等形成的。焦糖味是将白糖加热至微黄再加水熬制形成的。蜜汁菜的蜜汁是自然熬成的，由糖液经过加热起黏形成，不能勾芡。

蜜汁菜具有色泽美观、汁浓晶莹透亮、质酥糯、味甜似蜜的特点。蜜汁菜多作为宴会中的甜菜使用。

制作蜜汁火腿，应先用糖液将其蒸制成熟，然后再将汁收浓浇在上面。制作蜜汁菜肴时应中小火煨熬。

蜜汁叉烧肉的坯料在腌制前改刀要厚薄均匀，长短一致，否则成熟时受热不均匀，肉的腌制时间以 60 min 为佳。蜜汁叉烧肉的成熟方法是烤。蜜汁叉烧肉具有肉质软嫩、滋味芳香、略带蜜香、色泽大红而油亮的特点。

蜜汁鲜桃原料以深州蜜桃最佳。制作蜜汁鲜桃首先将白糖入锅加水烧开，撇去浮沫，待汁近浓时再放入桃块蜜制。蜜汁鲜桃的特点是汁浓透亮、细甜如蜜。

4. 扒制法

扒制法是指将切配好的原料码入盘中，再放入以鲜咸味调味品为主炝过的汤汁中，旺火烧开，改小火扒制入味，勾流芡大翻勺成菜的技法。

扒制法可分为烧扒（大翻勺扒制法）和蒸扒两种。烧扒法（大翻勺扒制法）是鲁菜代表技法之一。蒸扒法是淮扬菜常用的技法。扒制法按成菜色泽可分为白扒和红扒两种。

扒制菜肴具有选料精细、讲究切配、原形原样、不散不乱、芡汁明亮、鲜咸味醇的特点。烧扒菜的技法特色是大翻勺。

大翻勺的成形效果是制作烧扒菜肴关键因素之一。制作烧扒（大翻勺扒制法）菜肴时，要求原料入锅扒制时不散，出锅大翻保持原形而不乱；要求先旺火烧开，转小火扒透入味，然后再勾流芡大翻勺成菜；装盘的技法是拖入法。

蟹黄扒菜心是用烧扒法制成的，蟹黄在扒制前要进行炒香处理。蟹黄扒菜心具有蟹黄金黄、菜心翠绿、色彩素雅、明油亮芡的特点。

金葱扒鸭以蒸扒法制成。先将背开的整鸭炸至金黄色，然后将炸过的整鸭加调味料蒸制1h。金葱扒鸭的特点是色泽红亮、口味咸甜、质感酥烂。

5. 煨制法

煨是指将原料加足量汤水用大火烧沸，再用小火或微火长时间加热至酥烂成菜的烹调技法。煨制法与炖制法近似，区别之一在于煨制法用微火、小火，加热的时间更长，成菜更酥烂。煨制法是加热时间最长的烹调技法。

煨制法可分为红煨、白煨、清煨、煎煨、糟煨等技法。

煨制菜肴的成品特点是汤汁宽而浓，质软糯酥烂，口味鲜醇肥厚。煨制菜肴以突出原料本味为主。糟煨以香糟为主要调料，成菜具有浓郁的糟香味。煎煨菜肴汤色白，味鲜浓。

煨的方法对于除去原料异味的作用较弱，所以一定要选用新鲜无异味的原料。煨制菜肴时须一次性加足鲜汤或水，调味以食盐为主，不勾芡。煨制鱼类菜肴的汤色要求浓白。

白煨脐门使用的主料是鳝鱼腹肉，先将鳝肉汆烫，以去腥味和黏液，蒜头炸香成油后入菜，再用微火煨制1h。应加入虾籽，以增加其鲜味。白煨脐门的成品特点有色泽浓白、口味鲜醇、质感软烂。

湖北名菜"瓦罐煨鸡汤"选用老母鸡为主料，先将鸡块用猪油炒香至黄色，一次加足清水，煨时不加盖，将瓦罐放置在加热的铁板上用小火煨制而成。瓦罐煨鸡汤的特点是清而不淡、浓而不滞、肥而不腻、和而不寡、醇厚腴美。

6. 炖制法

炖是指将初步处理的原料放入汤水中，大火加热至沸腾后，用小火长时间加热，使原料成熟质感软烂、汤菜各半的烹调技法。炖制菜肴具有汤多味鲜、原汁原味、形态完整、质软而不烂的特点。

炖制法以动物性原料为主，根据所用调味品及成菜色泽，可分为清炖和侉炖两种技法。清炖调味时禁用有色调味品。

清炖菜肴原料不需挂糊，成菜不勾芡。炖制法多用于制作汤菜，菜与汤的比例以 1∶1 为宜。炖制菜肴时要以淡而不薄、鲜香可口的原则进行调味。隔水炖制菜肴时应盖严锅盖。炖制菜肴一般在烹调后期进行调味。

侉炖鱼的料型有鱼块或整条。将鱼腌渍入味，挂全蛋糊后再炸至金黄色。先将五花肉片煸至出油，然后放鱼，小火将汤炖成乳白色。侉炖鱼的成品特点是汤色乳白、咸鲜微酸、肉质鲜美、软嫩入味、醇香不腻。

清炖蟹粉狮子头选用猪五花肉，先批后斩，细切粗斩，也可只切不斩。将蟹黄嵌于肉圆上，在砂锅中以猪皮、青菜、猪肋骨垫底，大火烧沸微火慢炖约 2 h。清炖蟹粉狮子头特点是汤清肉白、醇香扑鼻、口感肥嫩、口味鲜美、肉质软烂。

7. 贴制法

贴是指将两种以上原料经刀工成形（以长方形为主）后，码味叠加在一起，挂糊后（也可不挂糊）在少量油中将一面煎至金黄，另一面不煎而成菜的烹调技法。为了确保贴制菜表面的原料成熟，在煎制时可以加少量的水并加盖稍焖。贴制法是一种特殊的煎制技法，多使用软嫩的动物性原料。

制作贴制菜肴的猪肥膘应煮断生方能使用。为使贴制菜肴底面质酥色金黄，应使用小火加热煎制。贴制菜肴具有色形美观，底面油润金黄酥香，顶面鲜香软嫩，无汤无汁的特点。

锅贴鸡签的主料为鸡脯肉，以猪肥膘片为底板，菠菜叶盖面，中间是两层鸡茸夹一层鸡脯肉片。生胚先拍粉，再挂蛋黄糊，然后再贴制。将煎好的鸡签加清汤、调料用小火收尽汤汁。锅贴鸡签成品的特点是成形美观、口味鲜咸、底板酥香、顶面软嫩。

8. 塌制法

塌制法在一定的意义上讲是煎制法的一种延伸。塌一般是指将原料经刀工成扁平形，码味挂糊，入底油锅中两面煎至断生，淋味汁小火塌制成菜的一种烹调技法。塌制法一般要挂拍粉拖蛋糊。

塌制菜肴应选用细嫩易熟的原料。动物性原料的生坯应先剞刀再码味。塌制菜肴的码味要求是宜淡不宜咸。

塌制菜肴具有两面色泽金黄、质地外微酥内嫩、口味鲜咸、不勾芡的特点。

制作锅塌豆腐,首先应将豆腐切成 5 cm 长、2.5 cm 宽、0.8 cm 厚的长方块,再进行码味、拍粉拖全蛋液,两面先煎成金黄色,然后再加少许鲜汤及调料塌尽汤汁。为使锅塌豆腐成形美观,出勺时需用大翻锅的技法。锅塌豆腐成品的特点是不勾芡、色泽金黄、质地软嫩、塌尽汤汁、口味鲜咸。

9. 烤制法

烤是利用各种热源产生的辐射热,使原料成熟的烹调技法。烤制法主要适用于动物性原料。烤制法的调味可分为加热前和加热后的调味。

烤制法根据烤炉的不同,可分为明炉烤和暗炉烤。明炉烤是以敞口炉烤制菜肴的烹调技法,包括叉烤、箅烤、串烤、钩吊烤等烤制技法。暗炉烤是将原料放入封闭的炉中烤制的烹调技法,包括烤箱烤、挂炉烤、馕坑烤等烤制技法。

烤制法应先将原料进行腌渍入味然后再烤。用烤箱烤制菜肴时,应在烤盘中多放些卤汁或汤。烤制整只或大块的动物性原料时可经烫皮、晾皮、打糖上色等处理后再烤制。烤制法应根据原料的形状、质地、特点及菜品要求调整烤制时间及火候。暗炉烤制法在烤制过程中不能进行调味。

烤制菜肴的特点是色泽红亮、外皮酥脆、内里鲜嫩或酥烂、本味浓重、甘香不腻。明炉烤多用果木作燃料,故成品带有果木香味。

北京全聚德烤鸭店经营的是挂炉烤鸭,烤制的最佳炉温是 230~250 ℃。北京挂炉烤鸭的工艺流程是打气→掏膛→洗膛→挂钩→烫皮→打糖→烤制。制作北京挂炉烤鸭需要向鸭体皮下脂肪与结缔组织之间充入八成满的气体。用开水冲烫鸭皮,使鸭皮绷紧,油亮光滑。给鸭身打糖水,可使烤熟后的鸭皮呈枣红色、酥脆香甜。北京烤鸭成品的特点是丰盈饱满、色呈枣红、皮脆肉嫩、肥而不腻、瘦而不柴。

叫花童鸡是杭州名菜,以嫩母鸡为原料。制作叫花童鸡应从腋下开刀取内脏,剔去翅主骨和腿骨,再将葱丝、猪腿肉丝煸透晾凉填入鸡腹中,然后用绍酒沉渣、粗盐、水等混合而成的坛泥包裹。叫花童鸡具有鸡肉酥嫩、香气袭人、风味浓郁等特点。

10. 盐焗法

焗就是运用密闭式加热方式,促使原料自身水分汽化制熟的烹调方法。盐焗是指将生料或半熟的原料，用盐、葱姜、八角等腌渍，然后用桑皮纸包裹，埋入灼热的盐粒中使之成熟的烹调技法。盐焗是粤菜的特殊风味技法之一。

盐焗法焗制的时间不宜太长，一般以 20 min 为宜，否则水分散发，影响质量。需要将原料进行包裹密封处理，以保持原料的本味、香味和卫生。用的盐是灼热的粗盐。盐作为烹调介质，其特点是受热快传热快，安全卫生。

盐焗菜具有皮脆骨酥、肉质鲜嫩、甘香味厚、冷吃热吃均可的特点。盐焗法的技术特点是既能保持原料的本味，又能保持原料的香味。

盐焗鸡的生坯腌制后要用桑皮纸将鸡包裹好，然后再埋入灼热的盐中焗制，需用灼热的盐焗 20 min。盐焗鸡成品的特点是皮脆骨酥、质地细嫩、原汁原味。

玫瑰酒焗乳鸽是以玫瑰露酒为传热介质，将乳鸽焗熟。首先将两只乳鸽放入瓦钵内，鸽身下垫双筷子，在乳鸽旁放一杯玫瑰露酒，将盛有乳鸽和玫瑰露酒的瓦钵放入铁锅内盖严，中火焗 20 min。玫瑰酒焗乳鸽成品的特点是色红褐、皮焦香、肉软嫩、味醇厚、露酒味浓郁。

11. 热菜糟制法

热菜糟制法是指以香糟为主要调味品，运用多种传热介质制作菜品的工艺方法。

热菜糟制菜肴因传热介质的不同其成品特点各异。糟溜法使用白糟汁，成菜多为白色。糟炸菜肴的特点是无汤汁、糟香味浓、外酥里嫩。糟熘菜肴特点是色白鲜嫩、味鲜略甜、糟香浓郁。

糟熘三白的正宗原料是鱼片、鸡片和玉兰片，鱼片和鸡片需挂蛋白糊。成品特点是色泽洁白、鱼片鸡片质滑嫩、口味鲜中带甜、糟香味突出。

二、冷菜制作

1. 冷菜的概念

冷菜是指热制凉吃、凉制凉吃和冷拼菜肴的总称。冷菜是宴席中第一道菜，具有烘托宴席气氛，增进客人食欲，美化和突出宴席主题的作用。

2. 挂霜法

挂霜是制作甜菜的一种技法，是将白糖放入少量水熬溶化，待泡沫由大变小时，放入炸好的原料裹匀糖浆，冷却后菜肴表面形成一层洁白的糖霜的工艺。熬糖时随着水分的挥发，泡沫由大变小，糖液表面趋于平静，是挂霜的最好时机。

挂霜熬制糖浆的最佳方法是水熬法，火力要小而集中，以使糖浆均匀受热，糖浆温度上升至120 ℃时是挂霜的最好时机。挂霜熬制糖浆时要掌握水和糖的比例，一般以 1∶4 为宜。

挂霜菜成品的特点是表面形成一层白色的不规则糖霜，质感松脆，口味甜香。挂霜菜肴适宜凉食。

挂霜丸子又称糖酥丸子，其用肉比例为肥 3 瘦 7。制作挂霜丸子应首先将调好的馅料炸成金黄色、直径 2 cm 的丸子，然后再挂糖浆。调制挂霜丸子馅料时，应加入淀粉、蛋黄和少许咸味调味品，以增加其香甜度。馅料与糖的比例以 3∶1 为宜。挂霜丸子成品的特点是霜白如雪、酥脆香甜。

3. 琉璃法

琉璃法是将熟处理的原料，挂满 150 ℃左右的糖浆，冷却后形成透明的棕黄色晶体，似玛瑙或琉璃，故称琉璃。

制作琉璃菜挂满糖浆后，应迅速出锅，以防过火出丝。糖浆欠火或过火，都会影响成品的色泽、透明度和口感。琉璃法熬糖浆的温度欠火，成品会形成返砂。

琉璃菜肴是热制冷食的甜菜，可用于宴会中的凉菜，其特点是色泽棕黄、晶莹透明、质感酥脆、味道甜香。

琉璃肉的原料以猪肥膘为宜。将猪膘肉切成筷子条，挂蛋清糊炸制，再放入 150 ℃的糖浆中挂浆。琉璃肉成品的特点是口感酥脆、色泽棕黄、晶莹透明、肥而不腻。

琉璃金枣因成品形状、颜色酷似大枣得名。制作琉璃金枣的主要原料是枣泥、土豆泥、白糖。首先将熟土豆泥包入枣泥制成枣形坯料，然后过油，再挂熬好的糖浆。将挂匀糖浆的金枣出锅，并迅速拨散晾凉，使其表面形成晶莹透明的晶体。琉璃金枣成品的特点是色泽金黄、造型逼真、口感酥脆、口味香甜、晶莹透明。

4. 冷菜糟制法

冷菜糟制法是将生或熟的原料浸入以糟卤为主调制的卤汁中腌、浸、渍成菜的烹调技法。多用于制作动物性原料，也可用于制作豆制品和少数蔬菜。香糟的酒精度在10%左右，红糟是福建特产。糟制冷菜的特点是糟香浓郁、口味清爽、质地鲜嫩、满口生香。

冷菜糟制法分为熟糟法和生糟法。用生的原料制作糟制冷菜时，其原料必须是能够直接食用而又安全的原料。糟制冷菜温度在10 ℃以下食用口感最佳。用红糟制作冷菜时，红糟可不经过滤，直接使用。糟制冷菜所用的糟卤加调料和香料后，应蒸制成熟后再用于糟制菜肴。

5. 花色冷菜拼摆

花色冷菜是将加工好的凉菜原料，按照一定的次序、层次和位置拼摆成一定形状，供食用和欣赏的一种拼摆工艺。花色冷菜在宴会中具有美化和烘托主题的作用。用于拼摆花色冷菜的原料一般不应少于6种。

花色冷菜选用的原料必须是可以直接能食用而又安全的冷菜原料。花色冷菜的拼摆成形要针对宴会的性质，构思与其相适应的主题内容。花色冷拼的基本要求是食用安全、成形逼真、刀工精细、自然流畅、互不串味。花色冷拼的工艺要求是艺术性、食用性、安全性和可操作性融为一体。

为了确保冷菜的食用安全，操作前应用0.3%浓度的高锰酸钾溶液对手进行消毒，花色冷拼的拼摆时间应控制在60 min内。

6. 食品雕刻

食品雕刻按雕刻类型可分为整雕、零雕组装、浮雕、镂空雕。整雕是指用一块大的或整形的原料，雕刻成一个完整的立体形象的技法。零雕组装是指分别用多种原料雕刻成某一物体的各个部件，再组装成完整的物体的技法。浮雕就是在原料表面上雕刻出凹凸造型，呈现出各种图像的雕刻技法。根据其表现形式，可以把浮雕分为凸雕和凹雕两大类。凸雕又称阳纹雕，是把要表现的花纹图案向外突出刻画在原料上。凹雕又称阴纹雕，是把要表现的图案向里凹陷刻画在原料上。镂空雕是将原料剜穿成为各种透空花纹的雕刻技法。

食品雕刻采用的原料极为广泛，以植物性原料为主，常用的有瓜果类、根茎类、叶菜类、蛋类、熟食制品等。用于食品雕刻的原料应具备细密、无缝瑕、颜色纯正、纤维整齐、表面光洁的特点。

胡萝卜适宜雕刻小型花卉。大白菜的根部适宜雕刻菊花。紫萝卜又称心里美萝卜，最适宜雕刻月季花。西红柿色泽红亮，肉质细嫩，可雕刻较厚的单片状花朵。

白萝卜易于上色，适合雕刻各种鸟类。整雕鸟类应选择整体姿态较接近的原料。甘薯有3种颜色，适于雕刻鸟类。牛腿瓜因其姿态、色泽、质地，最适宜雕刻凤凰。胡萝卜有红、黄两种颜色，质地细密，色泽鲜艳，适宜雕刻小型鸟类。

雕刻鱼类时为了能有效地体现鱼鳞、鱼眼等部位，应选择质地细腻紧密的原料。雕刻鱼类时一般采取零雕组装的方法，所以应选用质地、色泽相近的原料。为了体现鲤鱼跳跃的姿态，在整雕时最适宜选择牛腿瓜为原料。零雕组装金鱼时，最适宜选择胡萝卜为原料。

昆虫形体较小，雕刻时需体现的细节较多，应选用质地细腻紧密的原料。能体现某些昆虫触须的原料是蒜薹、芹菜、油菜。适宜雕刻蝈蝈的原料是莴笋、黄瓜、青萝卜。紫萝卜适宜雕刻蝴蝶，茭白适宜雕刻知了。

7. 宴会冷菜

宴会冷菜的拼摆形式主要有基本拼盘、什锦拼盘、花色拼盘和位上冷拼。位上冷拼是指为宴会中每位客人都拼制的一份冷菜。位上冷菜属于多拼。花色拼盘多用于中高档宴会中，应根据宴会规格配6~8个围碟。

宴会冷菜的比重要根据规格形式、地方习俗等具体情况确定，高档宴会一般为15%左右，一般宴会以10%为宜，量以每人不超过100 g为宜。宴会冷菜的基本要求是味不雷同、色泽有别、质地各异、荤素搭配、食用安全。

理论知识辅导练习题

一、单项选择题（下列每题的选项中，只有1个是正确的，请将其代号填在括号内）

1. 宴席的特征是（　　）。
   A. 规格化　　　B. 聚餐式　　　C. 社交性　　　D. 以上都是
2. 宴席中热菜的数量一般以（　　）道为宜。
   A. 6~8　　　　B. 8~12　　　　C. 13~15　　　D. 15~19
3. 拔丝糖浆最佳温度是（　　）℃。
   A. 100　　　　B. 110　　　　　C. 120　　　　D. 160
4. 按照蜜汁风味分，蜜汁法分三类，即原味、焦糖味、（　　）。
   A. 甜味　　　　B. 蜜味　　　　C. 红糖味　　　D. 复合味
5. 烧扒法（大翻勺扒制法）是（　　）菜代表技法之一。
   A. 鲁　　　　　B. 粤　　　　　C. 川　　　　　D. 苏
6. 煨制法可分为红煨、白煨、清煨、（　　）煨、糟煨等技法。
   A. 煎　　　　　B. 炸　　　　　C. 烤　　　　　D. 熏
7. 炖制法根据所用调味品及成菜色泽，可分为（　　）和侉炖两种技法。
   A. 清炖　　　　B. 红炖　　　　C. 炸炖　　　　D. 白炖
8. 贴制菜肴的特点是（　　）鲜香软嫩。
   A. 顶面　　　　B. 内部　　　　C. 口感　　　　D. 质地
9. 塌制法一般将原料加工成（　　），以便于塌制和成熟。
   A. 条形　　　　B. 块形　　　　C. 丁形　　　　D. 扁平形
10. 塌制菜肴具有两面（　　）、质地外微酥内嫩、口味鲜咸、不勾芡的特点。
    A. 色泽金黄　　B. 色泽鲜艳　　C. 色形美观　　D. 色泽金红
11. 烤就是利用各种热源产生的（　　）热，使原料成熟的烹调技法。

A. 传导　　　　B. 传递　　　　C. 辐射　　　　D. 放射

12. （　　）烤包括烤箱烤、挂炉烤、馕坑烤等烤制技法。

　　A. 明火　　　　B. 暗火　　　　C. 明炉　　　　D. 暗炉

13. 制作北京挂炉烤鸭需（　　）鸭皮，使鸭皮绷紧，油亮光滑。

　　A. 热油浇淋　　B. 饴糖浇淋　　C. 开水冲烫　　D. 蒸汽冲烫

14. 盐焗是（　　）的特殊风味技法之一。

　　A. 粤菜　　　　B. 冀菜　　　　C. 鲁菜　　　　D. 闽菜

15. 盐焗菜具有皮脆骨酥、（　　）、甘香味厚、冷吃热吃均可的特点。

　　A. 肉质酥软　　B. 肉质软嫩　　C. 肉质鲜嫩　　D. 肉质焦嫩

16. 糟熘菜肴特点是（　　）。

　　A. 香酥软烂　　B. 红亮入味　　C. 色白鲜嫩　　D. 软糯咸鲜

17. 凉菜是指热制冷吃、凉制（　　）和冷拼菜肴的总称。

　　A. 凉吃　　　　B. 生吃　　　　C. 熟吃　　　　D. 拌吃

18. 挂霜熬糖时，糖浆温度上升至（　　）℃时是挂霜的最好时机。

　　A. 120　　　　B. 140　　　　C. 145　　　　D. 150

19. 制作琉璃肉的原料以（　　）为宜。

　　A. 猪上脑　　　B. 猪外脊　　　C. 猪肥膘　　　D. 猪腿肉

20. （　　）是指用一块大的或整形的原料，雕刻成一个完整的立体形象的技法。

　　A. 整雕　　　　B. 零雕　　　　C. 浮雕　　　　D. 全雕

二、多项选择题（请选择两个及以上正确答案，将相应字母填入括号内。每题错选或多选、少选均不得分，也不倒扣分）

1. 宴席菜肴色彩组配包括（　　）。

　　A. 菜肴原料之间　　　　　　　B. 菜肴与厨具之间

　　C. 菜肴与点缀之间　　　　　　D. 菜肴与器皿之间

　　E. 菜肴与上菜程序之间

2. 商务宴的组配应做到（　　）不重复。

A. 主料　　　　B. 质感　　　　C. 口味　　　　D. 颜色

E. 烹调方法

3. 拔丝苹果成品的特点是（　　）、口味甜香。

A. 口感滑嫩　　B. 食时有丝　　C. 外脆内嫩　　D. 色泽金黄

E. 雪白透亮

4. 蜜汁菜肴的成品特点是（　　）。

A. 汁浓稠　　　B. 质酥糯　　　C. 汁透亮　　　D. 色泽美观

E. 味甜似蜜

5. 制作蟹黄扒菜心禁用的调味料是（　　）。

A. 盐　　　　　B. 味素　　　　C. 鲜汤　　　　D. 老抽

E. 白醋

6. 白煨脐门的成品特点有（　　）。

A. 色泽浓白　　B. 汤汁清澈　　C. 口味鲜醇　　D. 葱香浓郁

E. 质感软烂

7. 炖制菜肴具有（　　）、质软而不烂的特点。

A. 汤色浓白　　B. 味型丰富　　C. 汤多味鲜　　D. 原汁原味

E. 形态完整

8. 下列为挂霜丸子成品特点的是（　　）。

A. 霜白如雪　　B. 肥而不腻　　C. 甜菜佳品　　D. 软嫩鲜美

E. 酥脆香甜

9. 冷菜糟制法可分为（　　）两种。

A. 生糟法　　　B. 熟糟法　　　C. 冷糟法　　　D. 热糟法

E. 快糟法

10. 用于食品雕刻的原料应具备细密、（　　）的特点。

A. 无缝瑕　　　B. 颜色纯正　　C. 纤维整齐　　D. 表面光洁

E. 具有嫩感

三、判断题（将判断结果填入括号中，正确的填"√"，错误的填"×"）

1. 一般宴席中的冷菜应占宴席比重的10%~15%。　　　　　　　　　（　　）
2. 拔丝是烹调中的一种特殊技艺，主要有油拔和水拔两种方法。　　（　　）
3. 制作拔丝西瓜适宜挂发粉糊或蛋泡糊。　　　　　　　　　　　　（　　）
4. 扒是指将初步加工好的原料放入锅中，加入汤和调味料，大火烹制收汁的一种烹调技法。　　　　　　　　　　　　　　　　　　　　　　　（　　）
5. 煨制法与炖法近似，区别之一在于煨制法用微火、小火，加热的时间更长，成菜更酥烂。　　　　　　　　　　　　　　　　　　　　　　　（　　）
6. 湖北名菜瓦罐煨鸡汤选用老母鸡为主料。　　　　　　　　　　　（　　）
7. 贴是指用两种以上原料粘合在一起，入热底油锅两面煎成金黄色的烹调技法。　　　　　　　　　　　　　　　　　　　　　　　　　　　（　　）
8. 琉璃菜肴是热制冷食的甜菜，可用于宴会中的凉菜。　　　　　　（　　）
9. 花色冷菜选用的原料必须是可以直接能食用而又安全的冷菜原料。
　　　　　　　　　　　　　　　　　　　　　　　　　　　　　　（　　）
10. 位上冷拼是指为宴会中每位客人都拼制的一份冷菜。　　　　　（　　）

参考答案

一、单项选择题

1. D　2. B　3. D　4. D　5. A　6. A　7. A　8. A　9. D　10. A
11. C　12. D　13. C　14. A　15. C　16. C　17. A　18. A　19. C　20. A

二、多项选择题

1. ACD　　2. ABCDE　　3. BCD　　4. ABCDE　　5. DE
6. ACE　　7. CDE　　　8. AE　　　9. AB　　　　10. ABCD

三、判断题

1. √ 2. √ 3. √ 4. × 5. √ 6. √ 7. × 8. √ 9. √ 10. √

技能操作题

【题目1】拔丝葡萄

1. 考核要求

(1) 葡萄去皮、去籽，成形符合标准。

(2) 挂糊均匀（发粉糊或酵面糊），形状饱满不脱糊。

(3) 火候恰当，色泽金黄。

(4) 挂糖浆均匀，糖丝细长均匀不坠底。

(5) 质外脆内嫩，不粘牙，口味纯甜。

(6) 装盘规范，成品及盛器洁净卫生。

2. 准备工作

(1) 材料：葡萄、色拉油、白糖、淀粉、发酵粉、面粉。

(2) 场地和工具：操作台、菜墩（砧板）、炒锅（炒勺）、炉灶、平盘、洗菜盆、调料罐、配料盘等。

(3) 考生准备：刀具、工作服、工作帽、清洁布等。

3. 考核时限

完成本题操作基本时间为 25 min，每超过 5 min 从本题总分中扣除 10%，超过 15 min 本题零分。

4. 评分项目及标准

序号	评分项目	评分要点	配分	评分尺度	扣分	得分
1	色泽	菜肴的色泽度	20	(1) 基本符合成品色泽要求，扣 1~3 分 (2) 成品色泽较差，扣 3~8 分 (3) 成品色泽差，扣 8~15 分 (4) 成品色泽极差，扣 18 分		
2	味感（口味）	菜肴的味型和味度	15	(1) 基本符合味型要求，扣 1~3 分 (2) 味感较差，扣 3~8 分 (3) 味感差，扣 8~13 分 (4) 本项扣完为止		
3	糖浆	出丝度	30	(1) 挂糖浆不均匀、出丝较差，扣 3~5 分 (2) 挂糖浆不均匀、出丝差，扣 5~10 分 (3) 挂糖浆不均匀、有脱浆，扣 5~10 分 (4) 挂糖浆不均匀、有附底，扣 5~10 分		
4	质感	火候的运用	20	(1) 质感基本符合要求，扣 1~3 分 (2) 质感较差，扣 5~10 分 (3) 质感差，扣 10~15 分 (4) 质感极差，扣 18 分 (5) 本项扣完为止		
5	菜品安全	成品卫生	15	(1) 盛器不洁，扣 3~10 分 (2) 成品有污点，扣 5~10 分 (3) 本项扣完为止		
	合计		100			
	否定项			若作品出现下列情况之一，该项考试成绩记零分： (1) 不是拔丝法烹制的菜肴 (2) 出成率不足 1/3 (3) 返砂，不出丝		

【题目 2】盐焗鸡

1. 考核要求

(1) 整鸡初加工准确，处理得当。

(2) 腌制后包严包紧。

(3) 用加热好的粗盐焗制 20 min 至熟。

(4) 骨酥肉香，味浓，别有风味。

(5) 装盘规范，成品及盛器洁净卫生。

2. 准备工作

(1) 材料：肥嫩仔母鸡、绵纸、粗盐、常用调料。

(2) 场地和工具：操作台、菜墩（砧板）、炒锅（炒勺）、炉灶、平盘、洗菜盆、调料罐、配料盘等。

(3) 考生准备：刀具、工作服、工作帽、清洁布等。

3. 考核时限

完成本题操作基本时间为 25 min，每超过 5 min 从本题总分中扣除 10%，超过 15 min 本题零分。

4. 评分项目及标准

序号	评分项目	评分要点	配分	评分尺度	扣分	得分
1	色泽	菜肴的色泽度	20	(1) 基本符合成品色泽要求，扣 1~3 分 (2) 成品色泽较差，扣 5~10 分 (3) 成品色泽差，扣 10~15 分 (4) 色泽极差，扣 18 分		
2	味感 （口味）	菜肴的味型和味度	25	(1) 基本符合味型要求，扣 1~3 分 (2) 味感较差，扣 5~10 分 (3) 味感差，扣 10~18 分 (4) 味感极差，扣 23 分 (5) 本项扣完为止		
3	成形	刀工、装盘与成形	20	(1) 刀工成形较差，扣 3~5 分 (2) 刀工成形差，扣 5~10 分 (3) 糊浆、芡汁差，扣 5~10 分 (4) 装盘不规范，扣 5~10 分 (5) 菜肴整体成形差，扣 5~10 分 (6) 本项扣完为止		
4	质感	火候的运用	20	(1) 火候运用基本得当，扣 1~3 分 (2) 质感基本符合要求，扣 1~3 分 (3) 质感较差，扣 3~8 分 (4) 质感差，扣 10~15 分 (5) 质感极差，扣 18 分 (6) 本项扣完为止		

续表

序号	评分项目	评分要点	配分	评分尺度	扣分	得分
5	菜品安全	成品卫生	15	(1) 原料不新鲜,扣 3~8 分 (2) 盛器不洁,扣 3~8 分 (3) 成品有污点,扣 3~8 分 (4) 生熟不分,扣 15 分 (5) 本项扣完为止		
	合计		100			
	否定项			若作品出现下列情况之一,该项考试成绩记零分: (1) 失饪不能食用 (2) 出成率不足 1/3 (3) 不是焗制法烹制的菜肴 (4) 成品有异味,菜品极不卫生 (5) 使用违禁原料或违规使用添加剂		

【题目3】海米扒白菜

1. 考核要求

(1) 白菜切 10 cm×1.5 cm 的长条,开水稍氽。

(2) 料油炝锅,扒制入味,勾芡淋明油,大翻勺。

(3) 成形不散不乱。

(4) 菜肴色白,禁用有色调味品,芡汁大而明亮。

(5) 火候恰当,质滑嫩。

(6) 调味准确,菜品口味鲜咸。

(7) 装盘规范,成品及盛器洁净卫生。

2. 准备工作

(1) 材料:长白菜、竹海米、色拉油、常用调料。

(2) 场地和工具:操作台、菜墩(砧板)、炒锅(炒勺)、炉灶、平盘、洗菜盆、调料罐、配料盘等。

(3) 考生准备:刀具、工作服、工作帽、清洁布等。

3. 考核时限

完成本题操作基本时间为 25 min,每超过 5 min 从本题总分中扣除 10%,超过 15 min 本题零分。

4. 评分项目及标准

序号	评分项目	评分要点	配分	评分尺度	扣分	得分
1	色泽	菜肴的色泽度	20	(1) 基本符合成品色泽要求,扣 1~3 分 (2) 成品色泽较差,扣 5~10 分 (3) 成品色泽差,扣 10~15 分 (4) 色泽极差,扣 18 分		
2	味感 (口味)	菜肴的味型和味度	25	(1) 基本符合味型要求,扣 1~3 分 (2) 味感较差,扣 5~10 分 (3) 味感差,扣 10~18 分 (4) 味感极差,扣 23 分 (5) 本项扣完为止		
3	成形	刀工、装盘与成形	20	(1) 刀工成形较差,扣 3~5 分 (2) 刀工成形差,扣 5~10 分 (3) 糊浆、芡汁差,扣 5~10 分 (4) 装盘不规范,扣 5~10 分 (5) 菜肴整体成形差,扣 5~10 分 (6) 本项扣完为止		
4	质感	火候的运用	20	(1) 火候运用基本得当,扣 1~3 分 (2) 质感基本符合要求,扣 1~3 分 (3) 质感较差,扣 3~8 分 (4) 质感差,扣 10~15 分 (5) 质感极差,扣 18 分 (6) 本项扣完为止		
5	菜品安全	成品卫生	15	(1) 原料不新鲜,扣 3~8 分 (2) 盛器不洁,扣 3~8 分 (3) 成品有污点,扣 3~8 分 (4) 生熟不分,扣 15 分 (5) 本项扣完为止		
	合计		100			
	否定项			若作品出现下列情况之一,该项考试成绩记零分: (1) 失饪不能食用 (2) 出成率不足 1/3 (3) 不是扒制法烹制的菜肴 (4) 成品有异味,菜品极不卫生 (5) 使用违禁原料或违规使用添加剂		

【题目4】 锅塌豆腐

1. 考核要求

（1）豆腐切成 5 cm×2.5 cm×0.5 cm 的长方片（12片）。

（2）豆腐码味，挂拍粉拖蛋糊，入热底油锅两面煎成金黄，然后加调味料塌制入味，大翻勺，顶香菜。

（3）成形不散不乱，不勾芡。

（4）质外微酥里软嫩。

（5）调味准确，口味鲜咸。

（6）装盘规范，成品及盛器洁净卫生。

2. 准备工作

（1）材料：豆腐、香菜、鸡蛋、色拉油、常用调料。

（2）场地和工具：操作台、菜墩（砧板）、炒锅（炒勺）、炉灶、平盘、洗菜盆、调料罐、配料盘等。

（3）考生准备：刀具、工作服、工作帽、清洁布等。

3. 考核时限

完成本题操作基本时间为 25 min，每超过 5 min 从本题总分中扣除 10%，超过 15 min 本题零分。

4. 评分项目及标准

序号	评分项目	评分要点	配分	评分尺度	扣分	得分
1	色泽	菜肴的色泽度	20	（1）基本符合成品色泽要求，扣1~3分 （2）成品色泽较差，扣5~10分 （3）成品色泽差，扣10~15分 （4）色泽极差，扣18分		
2	味感（口味）	菜肴的味型和味度	25	（1）基本符合味型要求，扣1~3分 （2）味感较差，扣5~10分 （3）味感差，扣10~18分 （4）味感极差，扣23分 （5）本项扣完为止		

续表

序号	评分项目	评分要点	配分	评分尺度	扣分	得分
3	成形	刀工、装盘与成形	20	(1) 刀工成形较差，扣3~5分 (2) 刀工成形差，扣5~10分 (3) 糊浆、芡汁差，扣5~10分 (4) 装盘不规范，扣5~10分 (5) 菜肴整体成形差，扣5~10分 (6) 本项扣完为止		
4	质感	火候的运用	20	(1) 火候运用基本得当，扣1~3分 (2) 质感基本符合要求，扣1~3分 (3) 质感较差，扣3~8分 (4) 质感差，扣10~15分 (5) 质感极差，扣18分 (6) 本项扣完为止		
5	菜品安全	成品卫生	15	(1) 原料不新鲜，扣3~8分 (2) 盛器不洁，扣3~8分 (3) 成品有污点，扣3~8分 (4) 生熟不分，扣15分 (5) 本项扣完为止		
	合计		100			
	否定项			若作品出现下列情况之一，该项考试成绩记零分： (1) 失饪不能食用 (2) 出成率不足1/3 (3) 不是塌制法烹制的菜肴 (4) 成品有异味，菜品极不卫生 (5) 使用违禁原料或违规使用添加剂		

【题目5】用挂霜法制作冷菜一道

1. 考核要求

(1) 制品为挂霜法制作的菜肴。

(2) 品种自定，原料自备。

(3) 成品具有一定的技术难度。

(4) 色、香、味、形、质符合要求。

(5) 装盘规范，10人量。

（6）成品及盛器洁净卫生。

2. 准备工作

（1）材料：色拉油、常用调料。

（2）场地和工具：操作台、菜墩（砧板）、炒锅（炒勺）、炉灶、平盘、洗菜盆、调料罐、配料盘等。

（3）考生准备：原料、盛器、刀具、工作服、工作帽、清洁布等。

3. 考核时限

完成本题操作基本时间为 20 min，每超过 3 min 从本题总分中扣除 10%，超过 10 min 本题零分。

4. 评分项目及标准

序号	评分项目	评分要点	配分	评分尺度	扣分	得分
1	色泽	菜肴的色泽度	20	（1）基本符合成品色泽要求，扣1~3分 （2）成品色泽较差，扣3~8分 （3）成品色泽差，扣8~15分 （4）成品色泽极差扣18分		
2	味感 （口味）	菜肴的味型和味度	10	（1）基本符合味型要求，扣1~3分 （2）味感较差，扣3~5分 （3）味感差，扣5~7分 （4）味型极差，扣8分 （5）本项扣完为止		
3	糖浆	凝结均匀度	35	（1）挂糖浆均匀度基本符合要求，扣1~3分 （2）挂糖浆均匀度较差，扣5~8分 （3）挂糖浆均匀度差，扣10~15分 （4）挂糖浆均匀度极差，扣20~25分 （5）糖浆有脱壳，扣5~15分 （6）本项扣完为止		
4	质感	火候的运用	20	（1）质感基本符合要求，扣1~3分 （2）质感较差，扣5~10分 （3）质感差，扣10~15分 （4）质感极差，扣18分 （5）本项扣完为止		

续表

序号	评分项目	评分要点	配分	评分尺度	扣分	得分
5	菜品安全	成品卫生	15	（1）盛器不洁，扣 3~10 分 （2）成品有污点，扣 5~10 分 （3）本项扣完为止		
	合计		100			
	否定项			若作品出现下列情况之一，该项考试成绩记零分： （1）失饪不能食用 （2）成品不是用挂霜法制作的菜肴 （3）出成率不足 1/3		

【题目 6】 用琉璃法制作冷菜一道

1. 考核要求

（1）制品为琉璃法制作的菜肴。

（2）品种自定，原料自备。

（3）成品具有一定的技术难度。

（4）色、香、味、形、质符合要求。

（5）装盘规范，10 人量。

（6）成品及盛器洁净卫生。

2. 准备工作

（1）材料：色拉油、常用调料。

（2）场地和工具：操作台、菜墩（砧板）、炒锅（炒勺）、炉灶、平盘、洗菜盆、调料罐、配料盘等。

（3）考生准备：原料、盛器、刀具、工作服、工作帽、清洁布等。

3. 考核时限

完成本题操作基本时间为 20 min，每超过 3 min 从本题总分中扣除 10%，超过 10 min 本题零分。

4. 评分项目及标准

序号	评分项目	评分要点	配分	评分尺度	扣分	得分
1	色泽	菜肴的色泽度	20	(1) 基本符合成品色泽要求，扣1~3分 (2) 成品色泽较差，扣3~8分 (3) 成品色泽差，扣8~15分 (4) 成品色泽极差扣18分		
2	味感 （口味）	菜肴的味型和味度	10	(1) 基本符合味型要求，扣1~3分 (2) 味感较差，扣3~5分 (3) 味感差，扣5~7分 (4) 味型极差，扣8分 (5) 本项扣完为止		
3	糖浆	凝结均匀度	35	(1) 挂糖浆均匀度基本符合要求，扣1~3分 (2) 挂糖浆均匀度较差，扣5~8分 (3) 挂糖浆均匀度差，扣10~15分 (4) 挂糖浆均匀度极差，扣20~25分 (5) 糖浆有脱壳，扣5~15分 (6) 本项扣完为止		
4	质感	火候的运用	20	(1) 质感基本符合要求，扣1~3分 (2) 质感较差，扣5~10分 (3) 质感差，扣10~15分 (4) 质感极差，扣18分		
5	菜品安全	成品卫生	15	(1) 盛器不洁，扣3~10分 (2) 成品有污点，扣5~10分 (3) 本项扣完为止		
	合计		100			
	否定项			若作品出现下列情况之一，该项考试成绩记零分： (1) 失饪不能食用 (2) 成品不是用琉璃法制作的菜肴 (3) 出成率不足1/3		

【题目7】 用冷菜糟制法制作冷菜一道

1. 考核要求

（1）制品为冷菜糟制法制作的菜肴。

（2）品种自定，原料自备。

（3）成品具有一定的技术难度。

（4）色、香、味、形、质符合要求。

（5）装盘规范，10人量。

（6）成品及盛器洁净卫生。

2. 准备工作

（1）材料：色拉油、常用调料。

（2）场地和工具：操作台、菜墩（砧板）、炒锅（炒勺）、炉灶、平盘、洗菜盆、调料罐、配料盘等。

（3）考生准备：原料、盛器、刀具、工作服、工作帽、清洁布等。

3. 考核时限

完成本题操作基本时间为20 min，每超过3 min从本题总分中扣除10%，超过10 min本题零分。

4. 评分项目及标准

序号	评分项目	评分要点	配分	评分尺度	扣分	得分
1	色泽	菜肴的色泽度	20	（1）基本符合成品色泽要求，扣1~3分 （2）成品色泽较差，扣5~8分 （3）成品色泽差，扣8~10分 （4）色泽极差，扣15分		
2	味感 （口味）	菜肴的味型和味度	25	（1）基本符合味型要求，扣1~3分 （2）味感较差，扣5~10分 （3）味感差，扣10~18分 （4）味感极差，扣23分 （5）本项扣完为止		

续表

序号	评分项目	评分要点	配分	评分尺度	扣分	得分
3	成形	刀工装盘成形	20	(1) 刀工成形较差，扣 3~5 分 (2) 刀工成形差，扣 5~10 分 (3) 装盘不规范，扣 5~10 分 (4) 菜肴整体成形差，扣 5~10 分 (5) 本项扣完为止		
4	质感	火候的运用	20	(1) 火候运用基本得当，扣 1~3 分 (2) 质感基本符合要求，扣 1~3 分 (3) 质感较差，扣 3~8 分 (4) 质感差，扣 10~15 分 (5) 质感极差，扣 18 分 (6) 本项扣完为止		
5	菜品安全	成品卫生	15	(1) 原料不新鲜，扣 3~8 分 (2) 盛器不洁，扣 3~8 分 (3) 成品有污点，扣 3~8 分 (4) 本项扣完为止		
	合计		100			
	否定项			若作品出现下列情况之一，该项考试成绩记零分： (1) 失饪不能食用 (2) 出成率不足 1/3 (3) 成品不是用冷菜糟制法烹制的菜肴 (4) 成品有异味，菜品极不卫生		

【题目 8】 花卉类冷菜的拼摆

1. 考核要求

(1) 制品为花卉类象形花色冷拼。

(2) 品名自定，原料自备。

(3) 构思新颖，拼摆层次分明，造型逼真。

(4) 刀工精细，片薄厚适中，大小错落有致。

(5) 色泽协调、布局合理。

(6) 使用 8 种以上能直接食用的原料，净重不低于 500 g，其中荤料不少于

4 种。

（7）使用 16 寸圆盘或腰盘。

（8）成品及盛器洁净卫生。

2. 准备工作

（1）材料：色拉油、盐、香油、味精。

（2）场地和工具：操作台、菜墩（砧板）、平盘、洗菜盆、调料罐、配料盘等。

（3）考生准备：能直接食用的 8 种原料、刀具、工作服、工作帽、清洁布、冷拼用盘等。

3. 考核时限

完成本题操作基本时间为 60 min，每超过 5 min 从本题总分中扣除 10%，超过 20 min 本题零分。

4. 评分项目及标准

序号	评分项目	评分要点	配分	评分尺度	扣分	得分
1	选料	原料量与荤素搭配	10	（1）原料每少 1 种扣 1 分 （2）荤素搭配较合理，扣 1~3 分 （3）荤素搭配不合理，扣 3~5 分		
2	刀工	刀工成形精细度	25	（1）刀工不精细，扣 3~8 分 （2）刀面不整齐，扣 3~8 分 （3）薄厚不均匀，扣 3~8 分 （4）本项扣完为止		
3	造型	拼摆成形逼真度	20	（1）拼摆不细腻，成形逼真度较差，扣 3~5 分 （2）拼摆不细腻，成形逼真度差，扣 5~8 分 （3）拼摆不细腻，成形逼真度极差，扣 8~15 分 （4）层次不清晰，扣 3~8 分 （5）本项扣完为止		
4	色调	协调度	10	（1）色彩搭配较协调，扣 1~3 分 （2）色彩搭配协调度差，扣 3~5 分		

续表

序号	评分项目	评分要点	配分	评分尺度	扣分	得分
5	味	味度及味型	15	(1) 味度差，扣3~5分 (2) 味型单一，扣3~5分 (3) 串味，扣5~8分 (4) 本项扣完为止		
6	成品及盛器卫生	洁净度	20	(1) 原料新鲜度差，扣5~10分 (2) 生熟不分，扣8~15分 (3) 成品不洁净，扣3~8分 (4) 盛器不洁净，扣3~8分 (5) 本项扣完为止		
	合计		100			
	否定项			若作品出现下列情况之一，该项考试成绩记零分： (1) 成品不是花卉类象形花色冷拼 (2) 原料不新鲜，成品有异味		

【题目9】瓜果类冷菜的拼摆

1. 考核要求

(1) 制品为瓜果类象形花色冷拼。

(2) 品名自定，原料自备。

(3) 构思新颖，拼摆层次分明，造型逼真。

(4) 刀工精细，片薄厚适中，大小错落有致。

(5) 色泽协调、布局合理。

(6) 使用8种以上能直接食用的原料，净重不低于500 g，其中荤料不少于4种。

(7) 使用16寸圆盘或腰盘。

(8) 成品及盛器洁净卫生。

2. 准备工作

(1) 材料：色拉油、盐、香油、味精。

(2) 场地和工具：操作台、菜墩（砧板）、平盘、洗菜盆、调料罐、配料盘等。

(3) 考生准备：能直接食用的8种原料、刀具、工作服、工作帽、清洁布、冷拼用盘等。

3. 考核时限

完成本题操作基本时间为 60 min，每超过 5 min 从本题总分中扣除 10%，超过 20 min 本题零分。

4. 评分项目及标准

序号	评分项目	评分要点	配分	评分尺度	扣分	得分
1	选料	原料量与荤素搭配	10	(1) 原料每少1种扣1分 (2) 荤素搭配较合理，扣1~3分 (3) 荤素搭配不合理，扣3~5分 (4) 本项扣完为止		
2	刀工	刀工成形精细度	25	(1) 刀工不精细，扣3~8分 (2) 刀面不整齐，扣3~8分 (3) 薄厚不均匀，扣3~8分		
3	造型	拼摆成形逼真度	20	(1) 拼摆不细腻，成形逼真度较差，扣3~5分 (2) 拼摆不细腻，成形逼真度差，扣5~8分 (3) 拼摆不细腻，成形逼真度极差，扣8~15分 (4) 层次不清晰，扣3~8分 (5) 本项扣完为止		
4	色调	协调度	10	(1) 色彩搭配较协调，扣1~3分 (2) 色彩搭配协调度差，扣3~5分		
5	味	味度及味型	15	(1) 味度差，扣3~5分 (2) 味型单一，扣3~5分 (3) 串味，扣5~8分 (4) 本项扣完为止		
6	成品及盛器卫生	洁净度	20	(1) 原料新鲜度差，扣5~10分 (2) 生熟不分，扣8~15分 (3) 成品不洁净，扣3~8分 (4) 盛器不洁净，扣3~8分 (5) 本项扣完为止		
	合计		100			
	否定项			若作品出现下列情况之一，该项考试成绩记零分： (1) 成品不是瓜果类象形花色冷拼 (2) 原料不新鲜，成品有异味		

【题目 10】动物类冷菜的拼摆

1. 考核要求

（1）制品为动物类象形花色冷拼。

（2）品名自定，原料自备。

（3）构思新颖，拼摆层次分明，造型逼真。

（4）刀工精细，片薄厚适中，大小错落有致。

（5）色泽协调、布局合理。

（6）使用 8 种以上能直接食用的原料，净重不低于 500 g，其中荤料不少于 4 种。

（7）使用 16 寸圆盘或腰盘。

（8）成品及盛器洁净卫生。

2. 准备工作

（1）材料：色拉油、盐、香油、味精。

（2）场地和工具：操作台、菜墩（砧板）、平盘、洗菜盆、调料罐、配料盘等。

（3）考生准备：能直接食用的 8 种原料、刀具、工作服、工作帽、清洁布、冷拼用盘等。

3. 考核时限

完成本题操作基本时间为 60 min，每超过 5 min 从本题总分中扣除 10%，超过 20 min 本题零分。

4. 评分项目及标准

序号	评分项目	评分要点	配分	评分尺度	扣分	得分
1	选料	原料量与荤素搭配	10	（1）原料每少 1 种扣 1 分 （2）荤素搭配较合理，扣 1~3 分 （3）荤素搭配不合理，扣 3~5 分 （4）本项扣完为止		

续表

序号	评分项目	评分要点	配分	评分尺度	扣分	得分
2	刀工	刀工成形精细度	25	（1）刀工不精细，扣3~8分 （2）刀面不整齐，扣3~8分 （3）薄厚不均匀，扣3~8分		
3	造型	拼摆成形逼真度	20	（1）拼摆不细腻，成形逼真度较差，扣3~5分 （2）拼摆不细腻，成形逼真度差，扣5~8分 （3）拼摆不细腻，成形逼真度极差，扣8~15分 （4）层次不清晰，扣3~8分 （5）本项扣完为止		
4	色调	协调度	10	（1）色彩搭配较协调，扣1~3分 （2）色彩搭配协调度差，扣3~5分		
5	味	味度及味型	15	（1）味度差，扣3~5分 （2）味型单一，扣3~5分 （3）串味，扣5~8分 （4）本项扣完为止		
6	成品及盛器卫生	洁净度	20	（1）原料新鲜度差，扣5~10分 （2）生熟不分，扣8~15分 （3）成品不洁净，扣3~8分 （4）盛器不洁净，扣3~8分 （5）本项扣完为止		
	合计		100			
	否定项			若作品出现下列情况之一，该项考试成绩记零分： （1）成品不是动物类象形花色冷拼 （2）原料不新鲜，成品有异味		

【题目11】山水景观类冷菜的拼摆

1. 考核要求

（1）制品为山水景观类象形花色冷拼。

（2）品名自定，原料自备。

（3）构思新颖，拼摆层次分明，造型逼真。

（4）刀工精细，片薄厚适中，大小错落有致。

(5) 色泽协调、布局合理。

(6) 使用8种以上能直接食用的原料,净重不低于500 g,其中荤料不少于4种。

(7) 使用16寸圆盘或腰盘。

(8) 成品及盛器洁净卫生。

2. 准备工作

(1) 材料:色拉油、盐、香油、味精。

(2) 场地和工具:操作台、菜墩(砧板)、平盘、洗菜盆、调料罐、配料盘等。

(3) 考生准备:能直接食用的8种原料、刀具、工作服、工作帽、清洁布、冷拼用盘等。

3. 考核时限

完成本题操作基本时间为60 min,每超过5 min从本题总分中扣除10%,超过20 min本题零分。

4. 评分项目及标准

序号	评分项目	评分要点	配分	评分尺度	扣分	得分
1	选料	原料量与荤素搭配	10	(1) 原料每少1种扣1分 (2) 荤素搭配较合理,扣1~3分 (3) 荤素搭配不合理,扣3~5分 (4) 本项扣完为止		
2	刀工	刀工成形精细度	25	(1) 刀工不精细,扣3~8分 (2) 刀面不整齐,扣3~8分 (3) 薄厚不均匀,扣3~8分		
3	造型	拼摆成形逼真度	20	(1) 拼摆不细腻,成形逼真度较差,扣3~5分 (2) 拼摆不细腻,成形逼真度差,扣5~8分 (3) 拼摆不细腻,成形逼真度极差,扣8~15分 (4) 层次不清晰,扣3~8分 (5) 本项扣完为止		

续表

序号	评分项目	评分要点	配分	评分尺度	扣分	得分
4	色调	协调度	10	(1) 色彩搭配较协调，扣 1~3 分 (2) 色彩搭配协调度差，扣 3~5 分		
5	味	味度及味型	15	(1) 味度差，扣 3~5 分 (2) 味型单一，扣 3~5 分 (3) 串味，扣 5~8 分 (4) 本项扣完为止		
6	成品及盛器卫生	洁净度	20	(1) 原料新鲜度差，扣 5~10 分 (2) 生熟不分，扣 8~15 分 (3) 成品不洁净，扣 3~8 分 (4) 盛器不洁净，扣 3~8 分 (5) 本项扣完为止		
	合计		100			
	否定项			若作品出现下列情况之一，该项考试成绩记零分： (1) 成品不是山水景观类象形花色冷拼 (2) 原料不新鲜，成品有异味		

【题目 12】花卉类品种雕刻

1. 考核要求

(1) 作品为雕刻花卉类品种。

(2) 品名自定，原料自备。

(3) 成形逼真。

(4) 刀法流畅、细腻。

(5) 花瓣层次分明，花形直径不小于 8 cm。

(6) 不掉瓣，花形周正。

(7) 成品与盛器洁净卫生。

2. 准备工作

(1) 材料：适合雕刻花卉类的原料。

(2) 场地和工具：操作台、菜墩（砧板）、平盘、洗菜盆等。

(3) 考生准备：刀具、工作服、工作帽、清洁布等。

3. 考核时限

完成本题操作基本时间为 20 min，每超过 3 min 从本题总分中扣除 10%，超过 10 min 本题零分。

4. 评分项目及标准

序号	评分项目	评分要点	配分	评分尺度	扣分	得分
1	成形	整体逼真度	30	(1) 成形逼真度基本符合要求，扣 1~3 分 (2) 成形逼真度较差，扣 5~8 分 (3) 成形逼真度差，扣 10~15 分 (4) 成形逼真度极差，扣 15~20 分 (5) 原料利用差扣 3~5 分 (6) 原料选择与运用极差扣 10 分		
2	刀法	刀法流畅细腻度	30	(1) 刀法流畅细腻度较差，扣 3~5 分 (2) 刀法流畅细腻度差，扣 8~15 分 (3) 刀法流畅细腻度极差，扣 20~25 分		
3	层次	层次结构	30	(1) 层次结构基本符合要求，扣 1~3 分 (2) 层次结构较差，扣 5~8 分 (3) 层次结构差，扣 10~15 分 (4) 层次结构极差，扣 20~25 分 (5) 有掉瓣，扣 5~10 分 (6) 本项扣完为止		
4	卫生	成品与盛器	10	(1) 成品不洁净，扣 1~5 分 (2) 盛器不洁净，扣 1~5 分 (3) 原料新鲜度差，扣 3~5 分 (4) 本项扣完为止		
	合计		100			
	否定项			若作品不是花卉类雕刻品种，该项考试成绩记零分		

【题目 13】鸟类品种雕刻

1. 考核要求

（1）作品为雕刻鸟类品种。

（2）品名自定，原料自备。

（3）成形逼真。

（4）刀法流畅，细腻。

（5）羽毛层次分明。

（6）成品与盛器洁净卫生。

2. 准备工作

（1）材料：适合雕刻鸟类的原料。

（2）场地和工具：操作台、菜墩（砧板）、平盘、洗菜盆等。

（3）考生准备：刀具、工作服、工作帽、清洁布等。

3. 考核时限

完成本题操作基本时间为20 min，每超过3 min从本题总分中扣除10%，超过10 min本题零分。

4. 评分项目及标准

序号	评分项目	评分要点	配分	评分尺度	扣分	得分
1	成形	整体逼真度	30	（1）成形逼真度基本符合要求，扣1~3分 （2）成形逼真度较差，扣5~8分 （3）成形逼真度差，扣10~15分 （4）成形逼真度极差，扣15~20分 （5）原料利用差扣3~5分 （6）原料选择与运用极差扣10分		
2	刀法	刀法流畅细腻度	30	（1）刀法流畅细腻度较差，扣3~5分 （2）刀法流畅细腻度差，扣8~15分 （3）刀法流畅细腻度极差，扣20~25分		
3	层次	层次结构	30	（1）层次结构基本符合要求，扣1~3分 （2）层次结构较差，扣5~8分 （3）层次结构差，扣10~15分 （4）层次结构极差，扣20~25分 （5）有掉瓣，扣5~10分 （6）本项扣完为止		
4	卫生	成品与盛器	10	（1）成品不洁净，扣1~5分 （2）盛器不洁净，扣1~5分 （3）原料新鲜度差，扣3~5分 （4）本项扣完为止		
	合计		100			
	否定项			若作品不是鸟类雕刻品种，该项考试成绩记零分		

第二部分

模拟试卷

第三部分

陸戰兵器

中式烹调师高级理论知识考核模拟试卷

注 意 事 项

1. 本试卷依据《中式烹调师国家职业技能标准（2018年版）》命制。考试时间：60分钟。
2. 请在试卷标封处填写姓名、准考证号和所在单位的名称。
3. 请仔细阅读答题要求，在规定位置填写答案。

一、单项选择题（第1题~第80题。选择一个正确的答案，将相应的字母填入题内的括号中。每题1分，满分80分）

1. 道德主要是依靠人们自觉的（　　）来维持的。
   A. 内心信念　　B. 传统习惯　　C. 社会需求　　D. 传统观念

2. 道德要求人们在获取个人利益的时候，还要考虑（　　）。
   A. 对单位的奉献　　　　　　B. 他人、集体和社会利益
   C. 对社会的责任　　　　　　D. 对他人的帮助

3. （　　）对人的道德素质起决定性作用。
   A. 文化素质　　B. 社会地位　　C. 业务素质　　D. 职业道德

4. 职业道德对社会主义（　　）建设有极大的促进作用。
   A. 精神文明　　B. 物质文明　　C. 民主法治　　D. 文教事业

5. 下列说法中正确的是（　　）。
   A. 职业道德与经济效益之间是没有关联的
   B. 良好的职业道德能产生良好的经济效益

C. 职业道德建设对经济效益的影响是有限的

D. 经济效益决定职业道德建设发展的方向

6. 职业道德建设应与建立和完善职业道德（　　）结合起来。

　　A. 管理体系　　B. 规划机制　　C. 监督机制　　D. 审查手段

7. 忠于职守、爱岗敬业的具体要求是：树立职业理想、强化（　　）、提高职业技能。

　　A. 技术革新　　B. 职业责任　　C. 标准管理　　D. 团队意识

8. 餐饮从业人员烹制的菜点和提供的服务，其质量的好坏，决定着企业的效益和（　　）。

　　A. 费用　　B. 成本　　C. 信誉　　D. 福利

9. （　　）污染为食品的物理性污染。

　　A. N-硝基化合物　　　　B. 酒中的醛类

　　C. 放射性污染　　　　　D. 滥用食品添加剂

10. 以下引起食品腐败变质的因素中，（　　）除外。

　　A. 微生物　　　　　　B. N-硝基化合物

　　C. 湿度　　　　　　　D. 食物本身

11. 引起食物中毒的原因有（　　）。

　　A. 食物发生生物性的变化而产生的有毒物质

　　B. 食物中的过敏原

　　C. 食源性寄生虫的污染

　　D. 肠道传染病病毒的污染

12. 毒蕈中毒可由（　　）引起。

　　A. 毒肽类　　　　　　B. 龙葵碱

　　C. 皂素　　　　　　　D. 植物红细胞凝血素

13. 亚硝酸盐中毒严重者最终可因（　　）而死亡。

　　A. 心功能衰竭　　　　B. 肾功能衰竭

　　C. 呼吸衰竭　　　　　D. 败血症

14. 赤霉病变中毒是霉菌中的镰刀菌造成（　　）等霉变而引起的中毒。

A. 大米 B. 大豆 C. 肉类 D. 蛋类

15. 刚宰后的畜肉呈（　　）。

   A. 碱性 B. 弱碱性 C. 酸性 D. 弱酸性

16. （　　）为鲜鱼的标志。

   A. 僵直的鱼尾不下垂 B. 表面黏液混浊

   C. 眼球凹陷 D. 鱼鳞脱落

17. 能够使食品中苯并芘含量增加的方法是（　　）。

   A. 烘烤 B. 煮 C. 蒸 D. 卤

18. 在食品储存中属于化学储存的方法是（　　）。

   A. 低温储存 B. 烟熏

   C. 脱水干燥储存 D. 高温杀菌

19. 以下（　　）不属于人体的消化道。

   A. 口腔 B. 食道 C. 小肠腺 D. 胃

20. 脂肪的消化主要发生在（　　）。

   A. 口腔 B. 胃 C. 小肠 D. 大肠

21. 处于氮平衡的人群主要是（　　）。

   A. 婴幼儿 B. 孕妇 C. 成年女性 D. 老男人

22. 动物脂肪中（　　）含量较多。

   A. 单不饱和脂肪酸 B. 多不饱和脂肪酸

   C. 饱和脂肪酸 D. 必需脂肪酸

23. 脂肪对人体有着重要的功能，但不包括（　　）。

   A. 提供能量 B. 保护脏器 C. 维持体温 D. 肌肉的收缩

24. 能够促进脂肪氧化代谢的营养素是（　　）。

   A. 氨基酸 B. 碳水化合物 C. 维生素 D D. 维生素 A

25. 属于基础代谢的是（　　）。

   A. 思维 B. 消化吸收 C. 心跳 D. 跑步

26. 属于水溶性维生素的是（　　）。

   A. 维生素 A B. 维生素 D C. 维生素 E D. 核黄素

27. 膳食中长期缺乏维生素 A 可引起（　　）。
    A. 坏血病　　B. 佝偻病　　C. 夜盲症　　D. 癞皮病
28. 佝偻病主要是由于膳食中长期缺乏（　　）而引起的。
    A. 维生素 A　　B. 维生素 D　　C. 维生素 E　　D. 核黄素
29. （　　）可促进铁的消化与吸收。
    A. 维生素 D　　B. 维生素 C　　C. 维生素 A　　D. 叶酸
30. 人体内含量最多的无机元素是（　　）。
    A. 钙　　B. 锌　　C. 硒　　D. 铜
31. 参与体内合成血红蛋白、肌红蛋白的是（　　）。
    A. 硫　　B. 铁　　C. 氯　　D. 硒
32. 在体内参与甲状腺素合成的是（　　）。
    A. 钴　　B. 钠　　C. 硫　　D. 碘
33. 不能被人体消化吸收的是（　　）。
    A. 蛋白质　　B. 脂肪　　C. 葡萄糖　　D. 膳食纤维
34. 人体内含量最多的成分是（　　）。
    A. 维生素 E　　B. 维生素 B　　C. 果糖　　D. 水
35. 属于大豆的是（　　）。
    A. 豌豆　　B. 黄豆　　C. 绿豆　　D. 红豆
36. 维生素 C 含量最低的食物是（　　）。
    A. 山芋　　B. 柑橘　　C. 猕猴桃　　D. 辣椒
37. 区别成本和费用概念后，饮食企业成本核算的主体是饮食产品的（　　）。
    A. 总成本　　B. 主料成本　　C. 生产性成本　　D. 原材料成本
38. 下列成本中，难以对成本进行控制的是（　　）。
    A. 设备折旧　　B. 人员工资　　C. 管理费用　　D. 原料成本
39. 标准成本控制是从（　　）上对成本进行控制，用标准用量与实际用量进行比较，从而达到成本控制的目的。
    A. 原材料加工　　　　　　　B. 原材料种类
    C. 原材料质量　　　　　　　D. 原材料用量

40. 生料成本等于毛料总值扣除下脚料和废弃物总值后（　　）生料质量。

　　A. 减去　　　B. 加上　　　C. 除以　　　D. 乘以

41. 半成品成本的计算包括无味半成品和（　　）两种类型。

　　A. 主配料　　B. 净料成品　C. 熟食品　　D. 调味半成品

42. 调味半成品成本等于毛料总值（　　）下脚料总值加上调味品总值后除以调味半成品质量。

　　A. 减去　　　B. 加上　　　C. 除以　　　D. 乘以

43. 成品成本等于毛料总值减去下脚料总值（　　）调味品总值后除以成品质量。

　　A. 减去　　　B. 加上　　　C. 除以　　　D. 乘以

44. 利用净料率可以根据毛料质量计算净料的质量，净料质量等于毛料质量（　　）净料率。

　　A. 减去　　　B. 加上　　　C. 除以　　　D. 乘以

45. 成本系数是指原材料加工后半成品的单位成本价格与（　　）的比例。

　　A. 加工前原材料单位成本价格　　B. 加工后成品的单位成本价格

　　C. 净料率　　　　　　　　　　　D. 成本率

46. 调味品成本的核算方法分为（　　）和平均成本核算法两种类型。

　　A. 复合成本核算法　　　　　　　B. 批量成本核算法

　　C. 单件成本核算法　　　　　　　D. 总成本核算法

47. 宴会菜点和分类菜点可容成本计算的主要目的是（　　）。

　　A. 明确宴会规模　　　　　　　　B. 建立宴会管理组织机构

　　C. 安排菜点种类和数量　　　　　D. 控制宴会成本开支

48. 宴会成本核算程序为：明确宴会服务方式和标准→计算可容成本→（　　）→组织生产并检查实际成本消耗→分析成本误差。

　　A. 明确宴会规模　　　　　　　　B. 建立宴会管理组织机构

　　C. 安排菜点种类和数量　　　　　D. 明确宴会生产程序

49. 为保证饮食产品价格的相对稳定性，一般来说，产品每次的调价幅度应保持在（　　）%以内。

A. 2　　　　B. 5　　　　C. 8　　　　D. 10

50. 产品进入成熟期的定价策略的出发点是（　　）。
   A. 通过提高价格以扩大市场渗透
   B. 通过提高价格以提升产品档次
   C. 通过提高价格以增加销售数额
   D. 通过降低成本以增加市场份额

51. 尾数定价策略又称为（　　）策略。
   A. 综合定价　　B. 奇数定价　　C. 偶数定价　　D. 声望定价

52. 声望定价策略主要针对的是（　　）。
   A. 消费能力很强的顾客　　　　B. 消费能力一般的顾客
   C. 普通工薪阶层　　　　　　　D. 求新猎奇的年轻人

53. 切配和烹调使用的盘具要实行（　　）。
   A. 切配、烹调双盘制　　　　　B. 切配、烹调一盘制
   C. 切配无须使用餐盘　　　　　D. 烹调两次使用餐盘

54. （　　）是指人体同时与两根相线接触造成的触电。
   A. 三相触电　　B. 无相触电　　C. 两相触电　　D. 临近电压触电

55. 若发现在高压设备上触电，应采用（　　）使触电者脱离带电设备。
   A. 木棒等绝缘工具将触电者推开
   B. 硬物将带电设备砸坏切断电源
   C. 相应电压等级的绝缘工具
   D. 直接将触电者拉离现场

56. 厨房消防设备主要由消防给水系统和（　　）组成。
   A. 手动灭火设备　　　　　　　B. 自动灭火系统
   C. 自动喷淋水系统　　　　　　D. 化学灭火设备

57. 加工墨鱼时眼睛的汁液会影响鱼肉的（　　）。
   A. 颜色　　　　B. 嫩度　　　　C. 鲜味　　　　D. 弹性

58. 烫制后的甲鱼在去除黑衣时应在（　　）进行。
   A. 冰水　　　　B. 凉水　　　　C. 温水　　　　D. 沸水

59. 某些菜肴需要牛蛙保留皮，加工时应用（　　）进行搓洗。
    A. 盐　　　　B. 沙　　　　C. 油　　　　D. 碱
60. 体积大小不同的鱿鱼在涨发时应采用（　　）的方法。
    A. 大的先发、小的后发　　　　B. 同时发、同时取出
    C. 小的先发、大的后发　　　　D. 同时发、发好的先取出
61. 烹饪原料食用价值的高低主要取决于安全性、（　　）、可口性三个方面。
    A. 营养性　　B. 价格性　　C. 季节性　　D. 地区性
62. 按烹饪原料的（　　）分类，可将烹饪原料分为主配料、调味料和佐助料三大类。
    A. 加工与否　B. 商品种类　C. 烹饪运用　D. 来源属性
63. 被西方人称为"美容肉"的家畜肉是（　　）。
    A. 猪肉　　　B. 兔肉　　　C. 牛肉　　　D. 马肉
64. 黄牛肉中以饲养（　　）年左右的牛肉质较好。
    A. 3　　　　B. 4　　　　C. 5　　　　D. 6
65. 属于肉蛋兼用鸭的是（　　）。
    A. 高邮麻鸭　B. 金定鸭　　C. 瘤头鸭　　D. 北京鸭
66. 不属于我国四大淡水养殖鱼的是（　　）。
    A. 青鱼　　　B. 黑鱼　　　C. 草鱼　　　D. 鲢鱼
67. 虾蟹属于（　　），身体分为头胸部和腹部两部分。
    A. 甲壳类动物　　　　　　　B. 软体类动物
    C. 棘皮类动物　　　　　　　D. 腔肠类动物
68. 属于贝类原料中头足类的是（　　）。
    A. 贻贝　　　B. 竹蛏　　　C. 海螺　　　D. 章鱼
69. 冷藏鲜蛋时的温度最低不可低于（　　）℃，否则鲜蛋会被冻坏。
    A. 0　　　　B. -2　　　　C. -4　　　　D. -6
70. 莼菜是著名的水生叶菜，以（　　）所产品质最佳。
    A. 杭州西湖　B. 萧山湘湖　C. 江苏太湖　D. 安徽巢湖

71. 西兰花又称（　　），原产意大利。
    A. 菜花　　　B. 花菜　　　C. 绿花菜　　　D. 法国百合
72. 藻类植物是自然界中的（　　）。
    A. 高等植物　B. 低等植物　C. 裸子植物　　D. 被子植物
73. 大米中出饭率最高的是（　　）。
    A. 粳米　　　B. 糯米　　　C. 香米　　　　D. 籼米
74. 果实属于聚合果的是（　　）。
    A. 香蕉　　　B. 龙眼　　　C. 菠萝　　　　D. 草莓
75. 花生的果实属于（　　）。
    A. 荚果　　　B. 核果　　　C. 坚果　　　　D. 颖果
76. 蹄筋主要利用的是有蹄动物的（　　）。
    A. 肌肉组织　B. 软骨组织　C. 肌腱　　　　D. 脆骨组织
77. 属于光参类的是（　　）。
    A. 大乌参　　B. 梅花参　　C. 方刺参　　　D. 灰刺参
78. 带子是用（　　）的闭壳肌加工而成的干制品。
    A. 扇贝　　　B. 江珧贝　　C. 日月贝　　　D. 贻贝
79. 下列鱼翅中品质最好的是（　　）。
    A. 黑翅　　　B. 灰翅　　　C. 青翅　　　　D. 白翅
80. 下列鱼肚中品质最差的是（　　）。
    A. 公鳖肚　　B. 鳝肚　　　C. 花胶　　　　D. 炸肚

二、判断题（第 81 题~第 100 题。每题 1 分，共 20 分。请将判断结果填入括号内，正确的填"√"，错误的填"×"）

81. 尊师爱徒、团结协作的具体要求包括师德高尚、一致对外、注重实效、开拓创新等几个方面。　　　　　　　　　　　　　　　　　　（　　）
82. 开拓创新要具备尊重人才的意识、科学的思维、坚定的信心、团结互助等品质。　　　　　　　　　　　　　　　　　　　　　　　（　　）
83. 有机磷农药是一种神经毒物。　　　　　　　　　　　　　（　　）

84. 选用微波炉烤制食品可减少多环芳烃的形成。（   ）

85. 变形杆菌为革兰氏阳性杆菌。（   ）

86. 肉毒梭菌食物中毒属于毒素型细菌性食物中毒。（   ）

87. 动物性原料解冻温度不宜超过 25 ℃，相对湿度在 85%。（   ）

88. 消毒后的餐具要用抹布再揩抹。（   ）

89. 荞麦也是一种谷类原料。（   ）

90. 鱼类脂肪比畜肉脂肪容易消化吸收。（   ）

91. 发展中国家膳食结构中动物性食物过少而以植物性食物为主。（   ）

92. 为保证消化功能的恢复，餐次的间隔应越长越好。（   ）

93. 天气状况对餐厅销售量几乎不产生任何影响。（   ）

94. 体积估量法对粉状和液态的调味品都可使用。（   ）

95. 饮食企业在淡季采取价格折扣策略是在企业经营效益下降时才采取的做法。（   ）

96. 心理定价策略主要是通过给顾客以最大的优惠来销售产品。（   ）

97. 随行就市定价法应借鉴竞争对手成功的产品价格作为参考。（   ）

98. 原料成本系数定价法中的原料成本额即为标准菜谱上的标准成本。（   ）

99. 配菜间应随时注意原料新鲜度和卫生状况，严格把关。（   ）

100. 造成厨房火灾的原因都是人为因素。（   ）

中式烹调师高级理论知识考核模拟试卷参考答案

一、单项选择题

1. A 2. B 3. D 4. A 5. B 6. C 7. B 8. C 9. C 10. B
11. A 12. A 13. C 14. A 15. B 16. A 17. A 18. B 19. C 20. C
21. C 22. B 23. D 24. B 25. C 26. D 27. C 28. B 29. B 30. A
31. B 32. D 33. D 34. D 35. B 36. A 37. D 38. A 39. D 40. C
41. D 42. A 43. B 44. D 45. A 46. C 47. D 48. C 49. D 50. D
51. B 52. A 53. A 54. C 55. C 56. D 57. A 58. C 59. A 60. D
61. A 62. C 63. B 64. B 65. A 66. B 67. A 68. D 69. B 70. A
71. C 72. B 73. D 74. D 75. A 76. D 77. A 78. C 79. D 80. C

二、判断题

81. × 82. × 83. √ 84. √ 85. × 86. √ 87. √ 88. × 89. √ 90. √
91. √ 92. × 93. × 94. √ 95. × 96. × 97. √ 98. √ 99. √ 100. ×

中式烹调师高级技能操作考核模拟试卷

注 意 事 项

一、本试卷依据《中式烹调师国家职业技能标准（2018 年版）》命制。

二、请根据试题考核要求，完成考试内容。

三、请服从考评人员指挥，保证考核安全顺利进行。

试题 1. 实操现场考生素质

考核说明：

1. 本题分值：10 分（占总分的 10%）。

2. 考核时间：实操全程。

3. 考核形式：实操现场考评。

4. 考核要求

(1) 文明参加考试，遵守考场纪律。

(2) 所用设备、用具、原料干净卫生，工作服整洁。

(3) 操作规范、安全，姿势正确。

(4) 不违规使用原料，独立完成考核项目。

(5) 合理用料，物尽其用。

试题 2. 刀工

2.1 整鸡脱骨

考核说明：

1. 本题分值：5 分（占总分的 5%）。

2. 考核时间：12 分钟。

3. 考核形式：实操。

4. 考核要求

(1) 颈部开口，刀口不超过 6 cm。

(2) 脱骨干净，鸡架完整。

(3) 骨不带肉，肉不夹碎骨。

(4) 鸡皮完整，无破口，翻转成形。

(5) 鸡肉结构完整。

(6) 鸡皮干净，无残毛。

2.2 雕刻花卉（一种）

考核说明：

1. 本题分值：5 分（占总分的 5%）。

2. 考核时间：20 分钟。

3. 考核形式：实操。

4. 考核要求

(1) 作品为雕刻花卉类品种一朵。

(2) 品名自定，原料自备。

(3) 成形逼真。

(4) 刀法流畅、细腻。

(5) 花瓣层次分明，花形直径不小于 8 cm。

(6) 不掉瓣，花形周正。

(7) 成品与盛器洁净卫生。

试题 3. 冷菜制作

3.1 挂霜法冷菜制作

考核说明：

1. 本题分值：15 分（占总分的 15%）。

2. 考核时间：20分钟。

3. 考核形式：实操。

4. 考核要求

（1）成品为挂霜法制作的菜肴。

（2）品种自定，原料自备。

（3）成品具有一定的技术难度。

（4）色、香、味、形、质符合要求。

（5）装盘规范，10人量。

（6）成品及盛器洁净卫生。

3.2 花卉类象形拼盘制作

考核说明：

1. 本题分值：20分（占总分的20%）。

2. 考核时间：60分钟。

3. 考核形式：实操。

4. 考核要求

（1）成品为花卉类象形花色冷拼。

（2）品名自定，原料自备。

（3）构思新颖，拼摆层次分明，造型逼真。

（4）刀工精细，片薄厚适中，大小错落有致。

（5）色泽协调，布局合理。

（6）使用8种以上能直接食用的原料，净重不低于500 g，其中荤料不少于4种。

（7）使用16寸圆盘或腰盘。

（8）成品及盛器洁净卫生。

试题4. 规定热菜制作

4.1 拔丝葡萄制作

考核说明：

1. 本题分值：15 分（占总分的 15%）。

2. 考核时间：25 分钟。

3. 考核形式：实操。

4. 考核要求

（1）葡萄去皮、去籽，成形符合标准。

（2）挂糊均匀（发粉糊或酵面糊），形状饱满不脱糊。

（3）火候恰当，色泽金黄。

（4）挂糖浆均匀，糖丝细长均匀不坠底。

（5）质外脆内嫩，不粘牙，口味纯甜。

（6）装盘规范，成品及盛器洁净卫生。

4.2　盐焗鸡制作

考核说明：

1. 本题分值：15 分（占总分的 15%）。

2. 考核时间：25 分钟。

3. 考核形式：实操。

4. 考核要求

（1）整鸡初加工准确，处理得当。

（2）腌制后包严包紧。

（3）用加热好的粗盐焗制 20 分钟至熟。

（4）骨酥肉香，味浓，别有风味。

（5）装盘规范，成品及盛器洁净卫生。

试题 5. 自选热菜制作

考核说明：

1. 本题分值：15 分（占总分的 15%）。

2. 考核时间：30 分钟。

3. 考核形式：实操。

4. 考核要求

(1) 品名自定，原料自备。

(2) 制作具有本地特色的品种。

(3) 不与规定品种雷同。

(4) 使用中高档原料或本地特色原料。

(5) 使用 12 寸以上圆盘或腰盘。

(6) 色、香、味、形、质符合要求。

(7) 成品及盛器洁净卫生。

中式烹调师高级技能操作考核准备通知单（考场）

试题1. 实操现场考生素质

无现场准备。

试题2. 刀工

2.1 设备设施、原料准备

序号	名称	规格	单位	数量	备注
1	操作台		张	1	考场统一提供
2	菜墩（砧板）		个	1	考场统一提供
3	平盘	10寸	只	1	考场统一提供
4	配料碗	6寸	只	1	考场统一提供
5	原料	光鸡一只，750~1 000 g			考场统一提供

2.2 设备设施、原料准备

序号	名称	规格	单位	数量	备注
1	操作台		张	1	考场统一提供
2	菜墩（砧板）		个	1	考场统一提供
3	废料盘	10寸	只	1	考场统一提供
4	水盆（带清水）	10寸	只	1	考场统一提供

试题 3. 冷菜制作

3.1 设备设施、原料准备

序号	名称	规格	单位	数量	备注
1	操作台		张	1	考场统一提供
2	炉灶		台	1	考场统一提供
3	蒸箱		台	1	考场统一提供
4	烤箱		台	1	考场统一提供
5	菜墩（砧板）		个	1	考场统一提供
6	炒锅（炒勺）		只	1	考场统一提供
7	手勺、漏勺		套	1	考场统一提供
8	油罐、调料罐		套	1	考场统一提供
9	平盘	8寸	只	1	考场统一提供
10	配料盘	10寸	只	1	考场统一提供
11	配料碗	6寸	只	2	考场统一提供
12	调料	色拉油、生抽、老抽、面酱、淀粉、鸡精、盐、香油、花椒、味精、绍酒、白糖、葱姜蒜、大料、鸡蛋、豆瓣酱、胡椒粉		常量	考场统一提供

3.2 设备设施、原料准备

序号	名称	规格	单位	数量	备注
1	操作台		张	1	考场统一提供
2	菜墩（砧板）		个	1	考场统一提供
3	平盘	16寸	只	1	考场统一提供
4	配料盘	8寸	只	1	考场统一提供
5	常用调料			常量	考场统一提供

试题 4. 规定热菜制作

4.1 设备设施、原料准备

序号	名称		规格	单位	数量	备注
1	操作台			张	1	考场统一提供
2	菜墩（砧板）			个	1	考场统一提供
3	炒锅（炒勺）			只	1	考场统一提供
4	手勺、漏勺			套	1	考场统一提供
5	油罐、调料罐			套	1	考场统一提供
6	炉灶			台	1	考场统一提供
7	平盘		8寸	只	1	考场统一提供
8	配料盘		10寸	只	1	考场统一提供
9	配料碗		8寸	只	2	考场统一提供
10	主辅料	葡萄		g	300	考场统一提供
		酵面		g	100	考场统一提供
11	调料	色拉油			常量	考场统一提供
		白糖			常量	考场统一提供
		淀粉			常量	考场统一提供
		发酵粉			常量	考场统一提供
		面粉			常量	考场统一提供
备注	1. 因操作工具均具有亲熟性，上述所有工具也可考生自备自带。 2. 试题中所涉及的原料，如与兄弟民族食俗相抵触，或为当地稀缺原料，可另行选用适当的原料制作菜品，考核方应给予尊重。					

4.2 设备设施、原料准备

序号	名称	规格	单位	数量	备注
1	操作台		张	1	考场统一提供
2	菜墩（砧板）		个	1	考场统一提供
3	炒锅（炒勺）		只	1	考场统一提供
4	手勺、漏勺		套	1	考场统一提供
5	油罐、调料罐		套	1	考场统一提供

续表

序号	名称	规格	单位	数量	备注
6	炉灶		台	1	考场统一提供
7	平盘	8寸	只	1	考场统一提供
8	配料盘	10寸	只	1	考场统一提供
9	配料碗	6寸	只	2	考场统一提供
10	主辅料 肥嫩仔母鸡		g	500	考场统一提供
	粗盐			常量	考场统一提供
	绵纸			常量	考场统一提供
11	调料 色拉油			常量	考场统一提供
	盐			常量	考场统一提供
	葱姜蒜			常量	考场统一提供
	醋			常量	考场统一提供
	酱油			常量	考场统一提供
	味精			常量	考场统一提供
	绍酒			常量	考场统一提供
	白糖			常量	考场统一提供
	芝麻油			常量	考场统一提供
	淀粉			常量	考场统一提供
备注	1. 因操作工具均具有亲熟性，上述所有工具也可考生自备自带。 2. 试题中所涉及的原料，如与兄弟民族食俗相抵触，或为当地稀缺原料，可另行选用适当的原料制作菜品，考核方应给予尊重。				

试题5. 自选热菜制作

设备设施、原料准备

序号	名称	规格	单位	数量	备注
1	操作台		张	1	考场统一提供
2	炉灶		台	1	考场统一提供
3	蒸箱		台	1	考场统一提供
4	烤箱		台	1	考场统一提供

续表

序号	名称	规格	单位	数量	备注
5	菜墩（砧板）		个	1	考场统一提供
6	炒锅（炒勺）		只	1	考场统一提供
7	手勺、漏勺		套	1	考场统一提供
8	油罐、调料罐		套	1	考场统一提供
9	平盘	8寸	只	1	考场统一提供
10	配料盘	10寸	只	1	考场统一提供
11	配料碗	6寸	只	2	考场统一提供
12	调料	色拉油、生抽、老抽、面酱、淀粉、鸡精、盐、香油、花椒、味精、绍酒、白糖、葱姜蒜、大料、鸡蛋、豆瓣酱、胡椒粉		常量	考场统一提供

中式烹调师高级技能操作考核准备通知单（考生）

试题 1. 实操现场考生素质

无现场准备。

试题 2. 刀工

2.1

（1）脱骨刀具。

（2）工作服、工作帽、清洁布。

2.2

（1）雕刻刀具。

（2）工作服、工作帽、清洁布。

（3）原料、盛器。

试题 3. 冷菜制作

3.1

（1）厨刀。

（2）工作服、工作帽、清洁布。

（3）原料、盛器。

3.2

（1）厨刀。

(2) 工作服、工作帽、清洁布。

(3) 原料、盛器。

试题4. 规定热菜制作

4.1

(1) 厨刀。

(2) 工作服、工作帽、清洁布。

4.2

(1) 厨刀。

(2) 工作服、工作帽、清洁布。

试题5. 自选热菜制作

(1) 厨刀。

(2) 工作服、工作帽、清洁布。

(3) 原料、特殊调料、盛器。

中式烹调师高级技能操作考核评分记录表

总 成 绩 表

序号	试题名称		配分	得分	权重	最后得分	备注
1	实操现场考生素质		10				
2	刀工	2.1 整鸡脱骨	5				
		2.2 雕刻花卉（一种）	5				
3	冷菜制作	3.1 挂霜法冷菜制作	15				
		3.2 花卉类象形拼盘制作	20				
4	规定热菜制作	4.1 拔丝葡萄制作	15				
		4.2 盐焗鸡制作	15				
5	自选热菜制作		15				
	合计		100				

统分人：　　　　　　　　　　　　　　　　　　　　　　　年　月　日

试题1. 实操现场考生素质评分标准

按百分制评分

序号	评分项目	评分要点	配分	评分尺度	扣分	得分
1	考场纪律	文明操作	20	(1) 受1次警告扣5分 (2) 受2次警告扣10分 (3) 受3次警告扣15分		
2	现场卫生	设备、用具、个人卫生	20	(1) 工作服不整洁，扣3~10分 (2) 设备用具卫生差，扣3~10分		
3	操作姿势	姿势正确、熟练利落	20	(1) 操作姿势不规范，扣3~10分 (2) 操作不流畅，扣1~5分		

续表

序号	评分项目	评分要点	配分	评分尺度	扣分	得分
4	考核用料	合理用料、物尽其用	20	(1) 浪费原料，扣5~10分 (2) 浪费原料严重、用料不合理，扣10~15分 (3) 本项扣完为止		
5	操作安全、规范	操作流程安全、规范、准确	20	(1) 操作中出现不安全因素，扣5~10分 (2) 操作流程不合理，扣5~10分		
	合计		100			
	否定项			若考生出现下列情况之一，终止其本场考试资格，该项考试成绩记零分： (1) 替考 (2) 不是现场完成制作 (3) 不遵守考场纪律，受口头警告3次以上 (4) 非独立完成考试作品		

评分人：　　　　　年　月　日　　　　　　　　　核分人：　　　　　年　月　日

试题2. 刀工

2.1 整鸡脱骨评分标准

按百分制评分

序号	评分项目	评分要点	配分	评分尺度	扣分	得分
1	开口	开口位置与开口度	15	(1) 开口部位基本正确，扣1~3分 (2) 开口位置偏离，扣3~8分 (3) 开口每超1 cm，扣5分 (4) 本项扣完为止		
2	脱骨	脱骨度与骨肉分离度	40	(1) 一部位骨（刺）未出，扣10~20分 (2) 骨架不完整，扣5~10分 (3) 骨（刺）上略带肉，扣5~10分 (4) 骨（刺）上带肉较多，扣10~25分 (5) 本项扣完为止		

续表

序号	评分项目	评分要点	配分	评分尺度	扣分	得分
3	形态	表皮与肌肉完整度	35	(1) 有 0.5 cm 以下 1 个破口，扣 1 分 (2) 有 0.5 cm 以上、1 cm 以下 1 个破口，扣 2 分 (3) 有 1 cm 以上、2 cm 以下 1 个破口，扣 3 分 (4) 有 3 cm 以上 1 个破口，扣 5 分 (5) 肌肉部位较完整，扣 1~3 分 (6) 肌肉部位不完整，扣 3~8 分 (7) 本项扣完为止		
4	卫生	洁净度	10	(1) 表皮未洗涤干净，扣 1~5 分 (2) 表皮有残毛，扣 1~5 分		
	合计		100			
	否定项			若作品出现下列情况之一，该项考试成绩记零分： (1) 有 0.5 cm 以下破口 8 个 (2) 有 1~2 cm 破口 5 个 (3) 有 3 cm 以上破口 3 个 (4) 未完成脱骨的 1/3		

评分人：　　　　　　　年　月　日　　　　　核分人：　　　　　　　年　月　日

2.2 雕刻花卉（一种）评分标准

按百分制评分

序号	评分项目	评分要点	配分	评分尺度	扣分	得分
1	成形	整体逼真度	30	(1) 成形逼真度基本符合要求，扣 1~3 分 (2) 成形逼真度较差，扣 5~8 分 (3) 成形逼真度差，扣 10~15 分 (4) 成形逼真度极差，扣 15~20 分 (5) 原料利用差扣 3~5 分 (6) 原料选择与运用极差扣 10 分 (7) 本项扣完为止		
2	刀法	刀法流畅细腻	30	(1) 刀法流畅细腻度较差，扣 3~5 分 (2) 刀法流畅细腻度差，扣 8~15 分 (3) 刀法流畅细腻度极差，扣 20~25 分 (4) 本项扣完为止		

续表

序号	评分项目	评分要点	配分	评分尺度	扣分	得分
3	层次	层次结构	30	(1) 层次结构基本符合要求，扣 1~3 分 (2) 层次结构较差，扣 5~8 分 (3) 层次结构差，扣 10~15 分 (4) 层次结构极差，扣 20~25 分 (5) 有掉瓣，扣 5~10 分 (6) 本项扣完为止		
4	卫生	成品与盛器	10	(1) 成品不洁净，扣 1~5 分 (2) 成器不洁净，扣 1~5 分 (3) 原料新鲜度差，扣 3~5 分 (4) 本项扣完为止		
	合计		100			
	否定项			若作品不是花卉类雕刻品种，该项考试成绩记零分		

评分人： 年 月 日 核分人： 年 月 日

试题 3. 冷菜制作

3.1 挂霜法冷菜制作评分标准

按百分制评分

序号	评分项目	评分要点	配分	评分尺度	扣分	得分
1	色泽	菜肴的色泽度	20	(1) 基本符合成品色泽要求，扣 1~3 分 (2) 成品色泽较差，扣 3~8 分 (3) 成品色泽差，扣 8~15 分 (4) 成品色泽极差，扣 18 分		
2	味感（口味）	菜肴的味型和味度	10	(1) 基本符合味型要求，扣 1~3 分 (2) 味感较差，扣 3~5 分 (3) 味感差，扣 5~7 分 (4) 味型极差，扣 8 分 (5) 本项扣完为止		
3	糖浆	凝结均匀度	35	(1) 挂糖浆均匀度基本符合要求，扣 1~3 分 (2) 挂糖浆均匀度较差，扣 5~8 分 (3) 挂糖浆均匀度差，扣 10~15 分 (4) 挂糖浆均匀度极差，扣 20~25 分 (5) 糖浆有脱壳，扣 5~15 分 (6) 本项扣完为止		

续表

序号	评分项目	评分要点	配分	评分尺度	扣分	得分
4	质感	火候的运用	20	(1) 质感基本符合要求，扣 1~3 分 (2) 质感较差，扣 5~10 分 (3) 质感差，扣 10~15 分 (4) 质感极差，扣 18 分		
5	菜品安全	成品卫生	15	(1) 盛器不洁，扣 3~10 分 (2) 成品有污点，扣 5~10 分		
	合计		100			
	否定项			若作品出现下列情况之一，该项考试成绩记零分： (1) 失饪不能食用 (2) 成品不是用挂霜法制作的菜肴 (3) 出成率不足 1/3		

评分人：　　　　　　年　月　日　　　　　核分人：　　　　　　年　月　日

3.2 花卉类象形拼盘制作评分标准

按百分制评分

序号	评分项目	评分要点	配分	评分尺度	扣分	得分
1	选料	原料量与荤素搭配	10	(1) 原料每少 1 种扣 1 分 (2) 荤素搭配较合理，扣 1~3 分 (3) 荤素搭配不合理，扣 3~5 分 (4) 本项扣完为止		
2	刀工	刀工成形精细度	25	(1) 刀工不精细，扣 3~8 分 (2) 刀面不整齐，扣 3~8 分 (3) 薄厚不均匀，扣 3~8 分		
3	造型	拼摆成形逼真度	20	(1) 拼摆不细腻、成形逼真度较差，扣 3~5 分 (2) 拼摆不细腻、成形逼真度差，扣 5~8 分 (3) 拼摆不细腻、成形逼真度极差，扣 8~15 分 (4) 层次不清晰，扣 3~8 分 (5) 本项扣完为止		
4	色调	协调度	10	(1) 色彩搭配较协调，扣 1~3 分 (2) 色彩搭配协调度差，扣 3~5 分		

续表

序号	评分项目	评分要点	配分	评分尺度	扣分	得分
5	味	味度及味型	15	(1) 味度差，扣3~5分 (2) 味型单一，扣3~5分 (3) 串味，扣5~8分 (4) 本项扣完为止		
6	成品及盛器卫生	洁净度	20	(1) 原料新鲜度差，5~10分 (2) 生熟不分，扣8~15分 (3) 成品不洁净，扣3~8分 (4) 盛器不洁净，扣3~8分 (5) 本项扣完为止		
	合计		100			
	否定项			若作品出现下列情况之一，该项考试成绩记零分： (1) 成品不是花卉类花色冷拼 (2) 原料不新鲜，成品有异味		

评分人：　　　　　　　年　月　日　　　　　　核分人：　　　　　　　年　月　日

试题4. 规定热菜制作

4.1 拔丝葡萄制作评分标准

按百分制评分

序号	评分项目	评分要点	配分	评分尺度	扣分	得分
1	色泽	菜肴的色泽度	20	(1) 基本符合成品色泽要求，扣1~3分 (2) 成品色泽较差，扣3~8分 (3) 成品色泽差，扣8~15分 (4) 成品色泽极差，扣18分		
2	味感（口味）	菜肴的味型和味度	15	(1) 基本符合味型要求，扣1~3分 (2) 味感较差，扣3~8分 (3) 味感差，扣8~13分 (4) 本项扣完为止		
3	糖浆	出丝度	30	(1) 挂糖浆不均匀、出丝较差，扣3~5分 (2) 挂糖浆不均匀、出丝差，扣5~10分 (3) 挂糖浆不均匀、有脱浆，扣5~10分 (4) 挂糖浆不均匀、有附底，扣5~10分 (5) 本项扣完为止		

续表

序号	评分项目	评分要点	配分	评分尺度	扣分	得分
4	质感	火候的运用	20	(1) 质感基本符合要求，扣1~3分 (2) 质感较差，扣5~10分 (3) 质感差，扣10~15分 (4) 质感极差，扣18分 (5) 本项扣完为止		
5	菜品安全	成品卫生	15	(1) 盛器不洁，扣3~10分 (2) 成品有污点，扣5~10分 (3) 本项扣完为止		
	合计		100			
	否定项			若作品出现下列情况之一，该项考试成绩记零分： (1) 不是油拔法烹制的菜肴 (2) 出成率不足1/3 (3) 返砂，不出丝		

评分人：　　　　　年　月　日　　　　　　核分人：　　　　　年　月　日

4.2 盐焗鸡制作评分标准

按百分制评分

序号	评分项目	评分要点	配分	评分尺度	扣分	得分
1	色泽	菜肴的色泽度	20	(1) 基本符合成品色泽要求，扣1~3分 (2) 成品色泽较差，扣5~10分 (3) 成品色泽差，扣10~15分 (4) 成品色泽极差，扣18分		
2	味感 （口味）	菜肴的味型和味度	25	(1) 基本符合味型要求，扣1~3分 (2) 味感较差，扣5~10分 (3) 味感差，扣10~18分 (4) 味感极差，扣23分 (5) 本项扣完为止		
3	成形	刀工、装盘与成形	20	(1) 刀工成形较差，扣3~5分 (2) 刀工成形差，扣5~10分 (3) 糊浆、芡汁差，扣5~10分 (4) 装盘不规范，扣5~10分 (5) 菜肴整体成形差，扣5~10分 (6) 本项扣完为止		

续表

序号	评分项目	评分要点	配分	评分尺度	扣分	得分
4	质感	火候的运用	20	(1) 火候运用基本得当，扣 1~3 分 (2) 质感基本符合要求，扣 1~3 分 (3) 质感较差，扣 3~8 分 (4) 质感差，扣 10~15 分 (5) 质感极差，扣 18 分 (6) 本项扣完为止		
5	菜品安全	成品卫生	15	(1) 原料不新鲜，扣 3~8 分 (2) 盛器不洁，扣 3~8 分 (3) 成品有污点，扣 3~8 分 (4) 生熟不分，扣 15 分 (5) 本项扣完为止		
	合计		100			
	否定项			若作品出现下列情况之一，该项考试成绩记零分： (1) 失饪不能食用 (2) 出成率不足 1/3 (3) 不是焗制法烹制的菜肴 (4) 成品有异味，菜品极不卫生 (5) 使用违禁原料或违规使用添加剂		

评分人：　　　　　　年　月　日　　　　　　核分人：　　　　　　年　月　日

试题 5. 自选热菜制作评分标准

按百分制评分

序号	评分项目	评分要点	配分	评分尺度	扣分	得分
1	色泽	菜肴的色泽度	20	(1) 基本符合成品色泽要求，扣 1~3 分 (2) 成品色泽较差，扣 5~10 分 (3) 成品色泽差，扣 10~15 分 (4) 成品色泽极差，扣 18 分		
2	味感（口味）	菜肴的味型和味度	25	(1) 基本符合味型要求，扣 1~3 分 (2) 味感较差，扣 5~10 分 (3) 味感差，扣 10~18 分 (4) 味感极差，扣 23 分 (5) 本项扣完为止		

续表

序号	评分项目	评分要点	配分	评分尺度	扣分	得分
3	成形	刀工、装盘与成形	20	(1) 刀工成形较差，扣3~5分 (2) 刀工成形差，扣5~10分 (3) 糊浆、芡汁差，扣5~10分 (4) 装盘不规范，扣5~10分 (5) 菜肴整体成形差，扣5~10分 (6) 本项扣完为止		
4	质感	火候的运用	20	(1) 火候运用基本得当，扣1~3分 (2) 质感基本符合要求，扣1~3分 (3) 质感较差，扣3~8分 (4) 质感差，扣10~15分 (5) 质感极差，扣18分 (6) 本项扣完为止		
5	菜品安全	成品卫生	15	(1) 原料不新鲜，扣3~8分 (2) 盛器不洁，扣3~8分 (3) 成品有污点，扣3~8分 (4) 生熟不分，扣15分 (5) 本项扣完为止		
	合计		100			
	否定项			若作品出现下列情况之一，该项考试成绩记零分： (1) 失饪不能食用 (2) 出成率不足1/3 (3) 成品有异味，菜品极不卫生 (4) 使用违禁原料或违规使用添加剂		

评分人： 　　　年　月　日　　　　　核分人： 　　　年　月　日